大学计算机公共基础教程

主　编：陈　静　李赫宇　柳　森
副主编：于合龙　卢　健　王婷婷　李雪梅　李威远
参　编：杨英杰　齐福辉　聂佳杰　吴石龙　宋庆宝
主　审：周建华　杨　继

北京理工大学出版社
BEIJING INSTITUTE OF TECHNOLOGY PRESS

内容简介

本教材是为高职院校计算机和非计算机专业学生开设的一门计算机入门基础课的配套教材。本课程涉及计算机的基础知识、操作系统、文字处理、电子表格和 Internet 技术。这些知识和技能对于信息时代的大学生来说是必不可少的。通过本课程的学习，学生能较系统地了解计算机的基本知识和常用的操作技术，提高学生获取新知识的能力，从而提高计算机文化素质，适应未来工作的需要。

本书适合作为计算机应用基础类课程的教材使用，也可供计算机爱好者阅读和参考。

版权专有　侵权必究

图书在版编目（CIP）数据

大学计算机公共基础教程/陈静，李赫宇，柳森主编．—北京：北京理工大学出版社，2017.7（2024.1重印）

ISBN 978-7-5682-4388-9

Ⅰ．①大⋯　Ⅱ．①陈⋯②李⋯③柳⋯　Ⅲ．①电子计算机-高等职业教育-教材　Ⅳ.①TP3

中国版本图书馆 CIP 数据核字（2017）第 172970 号

出版发行 / 北京理工大学出版社有限责任公司
社　　址 / 北京市海淀区中关村南大街 5 号
邮　　编 / 100081
电　　话 /（010）68914775（总编室）
　　　　　82562903（教材售后服务热线）
　　　　　68948351（其他图书服务热线）
网　　址 / http：//www.bitpress.com.cn
经　　销 / 全国各地新华书店
印　　刷 / 三河市天利华印刷装订有限公司
开　　本 / 787 毫米×1092 毫米　1/16
印　　张 / 15　　　　　　　　　　　　　　责任编辑 / 王玲玲
字　　数 / 353 千字　　　　　　　　　　　　文案编辑 / 王玲玲
版　　次 / 2017 年 7 月第 1 版　2024 年 1 月第 13 次印刷　责任校对 / 周瑞红
定　　价 / 36.80 元　　　　　　　　　　　　责任印制 / 李志强

图书出现印装质量问题，请拨打售后服务热线，本社负责调换

前言

本教材是为高职院校计算机和非计算机专业学生开设的一门计算机入门基础课的配套教材。本课程涉及计算机的基础知识、操作系统、文字处理、电子表格和 Internet 技术。这些知识和技能对于信息时代的大学生来说是必不可少的。通过本课程的学习，学生能较系统地了解计算机的基本知识和常用的操作技术，提高学生获取新知识的能力，从而提高计算机文化素质，适应未来工作的需要。

高职院校的计算机基础课教学长久以来一直存在着教学内容重原理轻实践、考核方式重结果轻技能的认识误区。要改革高职院校计算机教学，教材改革是重要的一个方面，用计算机教材的改革促进基础教育的改革势在必行。一本好书，是人生前进的阶梯；一本好的教材，更可以引发一门课程全面改革的链式反应。呈现在读者面前的这本《大学计算机公共基础教程》，从立项酝酿到最终成稿历时近一年，我们一直在内容的编撰上争论不休，因为我们要做的不仅仅是写好一本教材，更重要的是去推倒传统高职院校计算机公共基础教学模式的多米诺骨牌，以教材内容的改革带动本门课程的优质建设。

本书的突出特点是在内容的编排上重点突出计算机基础课程的基础性、实践性和技能性特点，特别是紧密结合吉林省计算机应用技术证书考试（National Applied Information Technology Certificate，NIT）的考试内容大纲与形式，精心编撰了"应知应会""学做任务""技能提升""模拟考场"等栏目，用以激发学生的学习兴趣，达到"做""学""考"三合一的效果。通过"项目驱动、任务导向"的模块设计，着重培养学生的动手能力。

本书的另一个特点是以应用为主，密切结合计算机技术的最新发展，系统地介绍计算机的概念、基本工作原理，具有很强的知识性、实用性和可操作性。本书凝聚了编者多年来的教学经验和成果，全书深入浅出，通俗易懂，图文并茂，把相对复杂的计算机操作技术，简明扼要、生动有趣地呈现在读者面前。全书分为 7 章，包括计算机基础知识、Windows 7 操作系统、文字处理 Word 2010、数据处理 Excel 2010、演示文稿 PowerPoint 2010、计算机网络基础与 Internet 应用。

本教材虽经过多次讨论并反复修改，但限于作者水平有限，不足之处在所难免，敬请广大同行和读者多提宝贵意见。

编者于长春

2017 年 6 月

目录

第 1 章 计算机基础知识 ... 1
1.1 计算机的发展与应用 ... 1
1.1.1 计算机的发展历程 ... 1
1.1.2 计算机应用领域 ... 2
1.2 计算机特点及分类 ... 4
1.2.1 计算机特点 ... 4
1.2.2 计算机分类 ... 4
1.3 计算机系统结构 ... 5
1.3.1 计算机硬件系统 ... 5
1.3.2 微型计算机的软件系统 ... 8
1.4 数制 ... 9
1.4.1 基本概念 ... 10
1.4.2 进制转换 ... 11
1.5 计算机病毒 ... 13
1.5.1 计算机病毒及分类 ... 13
1.5.2 计算机病毒特点及常见软件 ... 13

第 2 章 Windows 7 操作系统 ... 19
2.1 Windows 7 操作系统 ... 19
2.1.1 Windows 7 操作系统简介 ... 19
2.1.2 Windows 7 基本操作 ... 20
2.2 Windows 7 系统运用 ... 25
2.2.1 设置桌面与图标 ... 25
2.2.2 使用任务栏 ... 28
2.2.3 使用开始菜单 ... 29
2.2.4 创建文件和文件夹 ... 30
2.2.5 复制、移动、修改文件和文件夹 ... 30
2.2.6 删除与恢复文件和文件夹 ... 32
2.2.7 设置文件和文件夹的属性 ... 33

2.2.8 添加/删除输入法，添加字体 …… 35
2.2.9 卸载程序 …… 37
2.2.10 整理磁盘碎片 …… 37
2.2.11 使用任务管理器 …… 38
2.2.12 创建及修改账户 …… 39
2.2.13 使用 Windows 7 画图工具绘制海上日出 …… 41
2.2.14 指法练习与文字录入 …… 42

第 3 章 文字处理 Word 2010 …… 47
3.1 Word 2010 基础知识 …… 47
3.1.1 Word 2010 的启动、退出与工作界面 …… 47
3.1.2 文档的创建与编辑 …… 50
3.2 文档版面设计 …… 59
3.2.1 字符格式化 …… 59
3.2.2 段落格式化 …… 60
3.2.3 特殊格式设置 …… 61
3.2.4 页面格式化 …… 66
3.3 非文本对象的插入与编辑 …… 72
3.3.1 图片 …… 72
3.3.2 图形 …… 76
3.3.3 文本框 …… 79
3.3 公式与图表 …… 81
3.3.1 公式编辑 …… 81
3.3.2 SmartArt 图 …… 81
3.3.3 图表 …… 82
3.4 表格的创建与编辑 …… 83
3.4.1 表格的创建 …… 83
3.4.2 表格的编辑 …… 85
3.4.3 表格的修饰 …… 87
3.4.5 表格的计算与排序 …… 90
3.5 Word 2010 的高级应用 …… 93
3.5.1 脚注、尾注与批注的应用 …… 93
3.5.2 邮件合并应用 …… 94
3.5.3 打印和预览 …… 96

第 4 章 数据处理 Excel 2010 …… 102
4.1 Excel 2010 入门 …… 102

- 4.1.1 Excel 2010 的基本概念 …………………………………… 102
- 4.1.2 Excel 2010 的工作界面 …………………………………… 103
- 4.2 工作簿 ………………………………………………………………… 105
  - 4.2.1 工作簿的基本操作 ………………………………………… 105
  - 4.2.2 工作簿的管理与保护 ……………………………………… 107
  - 4.2.3 工作表的基本操作 ………………………………………… 109
- 4.3 数据录入与修改 ……………………………………………………… 111
  - 4.3.1 单元格、行、列的选择 …………………………………… 111
  - 4.3.2 数据的录入与编辑 ………………………………………… 113
- 4.4 工作表格式化 ………………………………………………………… 116
  - 4.4.1 "单元格"格式设置 ……………………………………… 116
  - 4.4.2 样式设置 …………………………………………………… 118
  - 4.4.3 单元格设置 ………………………………………………… 119
  - 4.4.4 工作表背景设置 …………………………………………… 120
- 4.5 函数和公式 …………………………………………………………… 123
  - 4.5.1 函数 ………………………………………………………… 123
  - 4.5.2 公式 ………………………………………………………… 126
- 4.6 数据统计和分析 ……………………………………………………… 134
  - 4.6.1 数据排序 …………………………………………………… 134
  - 4.6.2 数据筛选 …………………………………………………… 135
  - 4.6.3 分类汇总 …………………………………………………… 138
  - 4.6.4 数据透视表 ………………………………………………… 139
- 4.7 图表 …………………………………………………………………… 141
  - 4.7.1 图表类型与构成 …………………………………………… 141
  - 4.7.2 创建图表 …………………………………………………… 142
  - 4.7.3 编辑与美化图表 …………………………………………… 142
  - 4.7.4 图表的分析 ………………………………………………… 146
  - 4.7.5 迷你图表 …………………………………………………… 146
- 4.8 页面设置与打印 ……………………………………………………… 147
  - 4.8.1 页面设置 …………………………………………………… 147
  - 4.8.2 页面打印 …………………………………………………… 149

第5章 演示文稿 PowerPoint 2010 …………………………………… 154
- 5.1 PowerPoint 2010 基础 ……………………………………………… 154
  - 5.1.1 PowerPoint 2010 的启动/退出和窗口界面 ……………… 154
  - 5.1.2 PowerPoint 2010 视图模式 ……………………………… 156

5.2 演示文稿的设计与制作 ································ 157
5.2.1 基本概念 ································ 157
5.2.2 演示文稿的基本操作 ································ 158
5.2.3 演示文稿的编辑 ································ 160
5.3 演示文稿的修饰与美化 ································ 165
5.3.1 主题的应用 ································ 165
5.3.2 母版的应用 ································ 167
5.3.3 幻灯片背景设置 ································ 169
5.4 演示文稿动画设置与放映 ································ 170
5.4.1 添加动画效果 ································ 170
5.4.2 添加幻灯片切换效果 ································ 172
5.4.3 设置超链接 ································ 173
5.4.4 演示文稿放映方式 ································ 174
5.5 演示文稿的打印与打包 ································ 177
5.5.1 演示文稿的打印 ································ 177
5.5.2 演示文稿的打包 ································ 177
5.5.3 将演示文稿创建为视频文件 ································ 179

第 6 章 计算机网络基础 ································ 183
6.1 计算机网络概述 ································ 183
6.2 网络体系结构与协议 ································ 187
6.3 网络设备 ································ 190
6.4 网络操作系统 ································ 192

第 7 章 Internet 应用 ································ 195
7.1 认知 Internet ································ 195
7.2 IP 地址与域名 ································ 195
7.3 Internet 接入方法 ································ 197
7.4 浏览器 ································ 198
7.5 搜索引擎 ································ 199
7.6 电子邮件与即时通信 ································ 199
7.7 网上购物 ································ 200
任务 7-1 网上浏览 ································ 200
任务 7-2 运用搜索引擎 ································ 202
任务 7-3 利用免费邮箱收发电子邮件 ································ 204
任务 7-4 使用即时通信软件 ································ 206
任务 7-5 网上购物 ································ 208

任务7-6　使用WinRAR压缩和解压 …………………………………………………… 209
附录　NIT全真考试样题 ……………………………………………………………………… 217
　　样题一 ………………………………………………………………………………………… 217
　　样题二 ………………………………………………………………………………………… 219
　　样题三 ………………………………………………………………………………………… 221
　　样题四 ………………………………………………………………………………………… 222
参考文献 ……………………………………………………………………………………………… 225

计算机基础知识

科学技术的飞速发展使人类社会进入了信息化时代，人类许多古老的梦想正逐渐变为现实。计算机技术正是现代科技的最近成就之一，计算机发展至今，按其综合性能指标可分为微型机、小型机、大型机、巨型机，由于技术的更新与应用的推动，计算机仍在飞速发展之中。通过本章的学习，主要应了解计算机的发展、计算机的特点及分类、计算机的系统结构、微型计算机的硬件及软件系统，以及信息在计算机中是如何存储的。

1.1 计算机的发展与应用

1.1.1 计算机的发展历程

1946 年 2 月，世界上第一台电子数字计算机 ENIAC（Electronic Numerical Integrator and Calculator）诞生于美国宾夕法尼亚大学，全称为"电子数字积分计算机"。当时这台计算机的体积庞大，主要元器件是电子管，运算速度只有每秒 5 000 次加法运算。即便如此，ENIAC 的问世仍具有划时代的意义，它奠定了电子计算机的发展基础，标志着电子计算机时代的到来。

1. 大型主机阶段

20 世纪 40—50 年代，是第一代电子管计算机的发展阶段。经历了电子管数字计算机、晶体管数字计算机、集成电路数字计算机和大规模集成电路数字计算机的发展历程，计算机技术逐渐走向成熟。

2. 小型计算机阶段

20 世纪 60—70 年代，是对大型主机进行的第一次"缩小化"，可以满足中小企业事业单位的信息处理要求，成本较低，价格可被接受。

3. 微型计算机阶段

20 世纪 70—80 年代，是对大型主机进行的第二次"缩小化"。1976 年美国苹果公司成立，1977 年就推出了 Apple Ⅱ 计算机，并大获成功。1981 年 IBM 推出 IBM-PC，此后它经历了若干代的演进，占领了个人计算机市场，使得个人计算机得到了很大的普及。

4. 客户机/服务器

即 C/S 阶段。随着 1964 年 IBM 与美国航空公司建立了第一个全球联机订票系统，把美国当时 2 000 多个订票的终端用电话线连接在了一起,标志着计算机进入了客户机/服务器阶段,这种模式至今仍在大量使用。在客户机/服务器网络中,服务器是网络的核心,而客户机是网络的基础,客户机依靠服务器获得所需要的网络资源,而服务器为客户机提供网络必需的资源。C/S 结构的优点是能充分发挥客户端 PC 的处理能力,很多工作可以在客户端处理后再提交给服务器,大大减轻了服务器的压力。

5. Internet 阶段

也称互联网、因特网、网际网阶段。互联网即广域网、局域网及单机按照一定的通信协议组成的国际计算机网络。互联网始于 1969 年,是在 ARPA(美国国防部研究计划署)制定的协定下将美国西南部的大学(加利福尼亚大学洛杉矶分校(UCLA)、史坦福大学研究学院(Stanford Research Institute)、加利福尼亚大学(UCSB)和犹他州大学(University of Utah))的四台主要的计算机连接起来。此后经历了从文本到图片,到现在语音、视频等阶段,宽带越来越快,功能越来越强。互联网是人类迈向地球村坚实的一步。

6. 云计算时代

从 2008 年起,云计算(Cloud Computing)概念逐渐流行起来,它正在成为一个通俗和大众化(Popular)的词语。云计算被视为"革命性的计算模型",因为它使得超级计算能力通过互联网自由流通成为可能。企业与个人用户无须再投入昂贵的硬件购置成本,只需要通过互联网来购买租赁计算力,用户只用为自己需要的功能付钱,同时消除了传统软件在硬件、软件、专业技能方面的花费。云计算让用户脱离技术与部署上的复杂性而获得应用。云计算囊括了开发、架构、负载平衡和商业模式等,是软件业的未来模式。它基于 Web 的服务,也是以互联网为中心。

计算机的发展历程见表 1-1。

表 1-1 计算机的发展历程

发展阶段	逻辑元件	主存储器	运算速度/s^{-1}	软件	应用
第一代计算机 (1946—1958 年)	电子管	电子射线管	几千次到 几万次	机器语言 汇编语言	军事研究 科学计算
第二代计算机 (1958—1964 年)	晶体管	磁芯	几十万次	监控程序 高级语言	数据处理 事务处理
第三代计算机 (1964—1971 年)	中小规模 集成电路	半导体	几十万次到 几百万次	操作系统、编辑系统、 应用程序	有较大发展开始 广泛应用
第四代计算机 (1971 年至今)	大规模集 成电路	集成度更高 的半导体	上千万次到 上亿次	操作系统完善 数据库系统 高级语言发展 应用软件发展	广泛应用到 各个领域

1.1.2 计算机应用领域

计算机的应用范围归纳起来主要有以下 6 个方面:

1. 科学计算

科学计算也称数值计算，是指用计算机完成科学研究和工程技术中所提出的数学问题。计算机作为一种计算工具，科学计算是它最早的应用领域，也是计算机最重要的应用之一。

2. 数据处理

数据处理又称信息处理，它是信息的收集、分类、整理、加工、存储等一系列活动的总称。所谓信息，是指可被人类感受的声音、图像、文字、符号、语言等。数据处理还可以在计算机上加工那些非科技工程方面的计算，管理和操纵任何形式的数据资料。其特点是要处理的原始数据量大，而运算比较简单，有大量的逻辑与判断运算。据统计，目前在计算机应用中，数据处理所占的比重最大。其应用领域十分广泛，如人口统计、办公自动化、企业管理、邮政业务、机票订购、情报检索、图书管理、医疗诊断等。

3. 计算机辅助系统

（1）计算机辅助设计（Computer Aided Design，CAD）

计算机辅助设计是指使用计算机的计算、逻辑判断等功能，帮助人们进行产品和工程设计。它能使设计过程自动化，设计合理化、科学化、标准化，大大缩短设计周期，以增强产品在市场上的竞争力。CAD 技术已广泛应用于建筑工程设计、服装设计、机械制造设计、船舶设计等行业。使用 CAD 技术可以提高设计质量，缩短设计周期，提高设计自动化水平。

（2）计算机辅助制造（Computer Aided Manufacturing，CAM）

计算机辅助制造是指利用计算机通过各种数值控制生产设备，完成产品的加工、装配、检测、包装等生产过程的技术。将 CAD 进一步集成，形成计算机集成制造系统（CIMS），从而实现了设计生产自动化。利用 CAM 可提高产品质量、降低成本和降低劳动强度。

（3）计算机辅助教学（Computer Aided Instruction，CAI）

计算机辅助教学是将教学内容、教学方法及学生的学习情况等存储在计算机中，帮助学生轻松地学习所需要的知识。它在现代教育技术中起着相当重要的作用。

除了上述计算机辅助技术外，还有其他的辅助功能，如辅助出版、辅助管理、辅助绘制和辅助排版等。

4. 过程控制

过程控制也称实时控制，是用计算机及时采集数据，按最佳值迅速对控制对象进行自动控制或自动调节。利用计算机进行过程控制，不仅大大提高了控制的自动化水平，而且大大提高了控制的及时性和准确性。过程控制的特点是及时收集并检测数据，按最佳值调节控制对象。在电力、机械制造、化工、冶金、交通等部门采用过程控制，可以提高劳动生产效率、产品质量、自动化水平和控制精确度，减少生产成本，减轻劳动强度。在军事上，可使用计算机实时控制导弹，根据目标的移动情况修正飞行姿态，以准确击中目标。

5. 人工智能

人工智能（Artificial Intelligence，AI）是用计算机模拟人类的智能活动，如判断、理解、学习、图像识别、问题求解等。它涉及计算机科学、信息论、仿生学、神经学和心理学等诸多学科。在人工智能中，最具代表性、应用最成功的两个领域是专家系统和机器人。计算机专家系统是一个具有大量专门知识的计算机程序系统。它总结了某个领域的专家知识并构建了知识库。根据这些知识，系统可以对输入的原始数据进行推理，做出判断和决策，以回答用户的咨询，这是人工智能的一个成功的例子。

6. 计算机网络

把计算机的超级处理能力与通信技术结合起来就形成了计算机网络。人们熟悉的全球信息查询、邮件传送、电子商务等都是依靠计算机网络来实现的。计算机网络已进入千家万户，给人们的生活带来了极大的方便。

1.2 计算机特点及分类

1.2.1 计算机特点

1. 运算速度快

计算机的运算速度已由早期的每秒几次发展到现在的每秒几千亿次，甚至是万亿次。

2. 计算精度高

一般的计算工具只能达到几位有效数字，而计算机对数据的结果精度可高达十几位、几十位的有效数字，根据需要甚至可达到任意精度。

3. 记忆能力强

计算机的记忆能力是通过存储能力实现的。

4. 具有逻辑判断能力

逻辑判断能力就是因果分析能力，分析命题是否成立以便做出相应对策。计算机的逻辑判断能力是通过执行程序实现的。

5. 能自动执行程序

计算机的工作过程是执行程序的过程，而程序是人预先设定好并存储在计算机中的。在执行程序的过程中，一般不需要人工干预，程序中的每一条指令都是自动执行的。这说明计算机完全自动化工作。

6. 可靠性高、通用性强

现在的计算机由于采用了大规模和超大规模集成电路，因而具有非常高的可靠性，平均无故障时间可以用年来计算。另外，计算机自动执行程序的能力又使它具有很强的通用性。

1.2.2 计算机分类

1. 巨型机

运算速度快，存储容量大，结构复杂，价格高昂，主要用于尖端科学研究领域。

2. 大型机

仅次于巨型机，有比较完善的指令系统和丰富的外部设备，具有很强的管理和处理数据的能力。

3. 小型机

较之大型机成本较低，结构简单，研制周期短，便于及时采用先进的工艺技术，指令系统更为精简，软件开发成本低，易于操作维护。

4. 微型机

通常采用微处理器、半导体存储器和输入/输出接口等芯片组装，其体积小、价格低、可靠性高、灵活性好、更加自动化,因而有利于推广普及。

5. 工作站

一种介于 PC 机和小型机之间的高档微型机,具有较高的运算速度和较强的网络通信能力,有大型机或小型机的多任务和多用户能力,同时兼有微型机操作便利性及人机界面友好的特点。工作站的独到之处是具有很强的图形交互能力,因此在工程设计领域得到广泛使用。

6. 服务器

可供网络用户共享的高性能计算机,具有大容量的存储设备和丰富的外部设备,很多服务器都配置双 CPU。服务器常用于存放各类资源,为网络用户提供丰富的资源共享服务。

1.3 计算机系统结构

1.3.1 计算机硬件系统

一个完整的计算机系统是由硬件和软件两大部分组成的(如图 1-1 所示)。硬件是指组成计算机的各种物理设备,也就是在"认识计算机"中所介绍的那些看得见、摸得着的实际物理设备,它包括计算机的主机和外部设备。具体由五大功能部件组成,即运算器、控制器、存储器、输入设备和输出设备。这五大部分相互配合,协同工作。其简单工作原理为:首先由输入设备接受外界信息(程序和数据),控制器发出指令将数据送入(内)存储器,然后向内存储器发出取指令命令。在取指令命令下,程序指令逐条送入控制器。控制器对指令进行译码,并根据指令的操作要求,向存储器和运算器发出存数、取数命令和运算命令,经过运算器计算并把计算结果存在存储器内。最后在控制器发出的取数和输出命令的作用下,通过输出设备输出计算结果(如图 1-2 所示)。

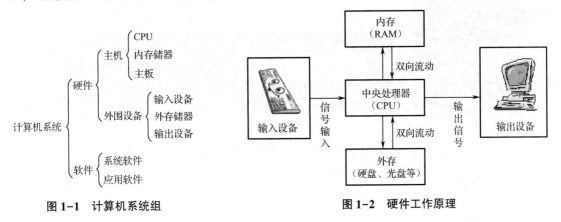

图 1-1 计算机系统组　　　　图 1-2 硬件工作原理

1. 主板

主板也叫系统板或母板。个人电脑诞生以来,主板一直是个人电脑的主要组成部分。其中主要组件包括 CMOS、基本输入/输出系统(BIOS)、内存插槽、CPU 插槽、键盘接口、硬盘驱动器接口等,如图 1-3 所示。

2. 中央处理器

中央处理器(Central Processing Unit,CPU)是一个体积不大但集成度非常高、功能强大的芯片，也称为微处理器（Micro Processor Unit，MPU），是微型机的核心，如图1-4所示。中央处理器主要包括运算器和控制器两大部件。计算机的所有操作都受CPU控制，所以它的品质直接影响着整个计算机系统的性能。

图1-3　微型机主板

图1-4　中央处理器

3. 内存储器

目前，微型机的内存储器由半导体器件构成，而半导体器件存储器件由只读存储器（Read Only Memory，ROM）和随机存储器（Random Access Memory，RAM）两部分构成，如图1-5所示。ROM的特点是只能读出，不能写入信息。在主板上的ROM里面固化了一个基本输入/输出系统（BIOS）。其主要作用是完成对系统的加电自检、系统中各功能模块的初始化、系统驱动程序的基本输入/输出及引导操作系统。RAM随机存储器可以进行任意的读或写的操作，它主要用来存放操作系统、各种应用程序、数据等。数据、程序在使用时从外存读入内存RAM中，使用完毕后，在关机前再存回外存中。由于RAM是由半导体器件构成的，断电时信息将会丢失。

（a）　　　　　　　　　　　　　　　　　（b）

图1-5　只读存储器（ROM）（a）与随机存储器（RAM）（b）

4. 外存储器

在计算机系统中，除了有内存外，一般还有外存储器，用于存储暂时不用的程序和数据。目前常用的有硬盘、光盘等。外存储器与内存储器之间频繁交换信息，但不能被系统的其他部件直接访问。

（1）硬盘

硬盘作为微机系统的外存储器，成为微机的主要配置，它由硬盘片、硬盘驱动电机和读写磁头等组装并封装在一起。硬盘经过低级格式化、分区及高级格式化后即可使用，硬盘的低级格式化出厂前已完成。存储容量目前有500 GB、1 TB、2 TB等。

(2) 光盘

光盘是利用激光原理进行读写的设备，目前微机上配备 DVD—ROM 驱动器，高清爱好者也会安装最新的蓝光（BD）光驱。

(3) U 盘

便携存储（USB Flash Disk），也称为 U 盘或闪存盘，是采用 USB 接口和非易失随机访问存储器技术结合的方便携带的移动存储器。特点是断电后数据不消失，因此可以作为外部存储器使用。具有可多次擦写、速度快并且防磁、防震、防潮的优点。闪盘采用流行的 USB 接口，无须外接电源，即插即用，实现在不同电脑之间进行文件交流，存储容量为 4～256 GB 不等。

综上所述，内存可以与 CPU 直接交互信息、存取速度快、容量小、价格高；外存只有与内存交换信息后，才能被 CPU 处理，存取速度慢、容量大、价格低。内存用于存放立即使用的程序和数据；外存则用于存放暂时不用的程序和数据。

5. 输入/输出系统

(1) 键盘

键盘是计算机系统中最基本的输入设备，通过一根电缆线与主机相连接。它用来键入命令、程序、数据。从按键的开关类型看，一般可分为机械式、电容式、薄膜式和导电胶皮四种。如图 1-6 所示。

图 1-6　键盘与鼠标

(2) 鼠标器（Mouse）

鼠标是一种"指点"设备（Pointing Device），现在多用于 Windows 操作系统环境下，可以取代键盘上的光标移动键。定位光标于菜单或按钮处，完成菜单系统特定的命令操作或按钮的功能操作，操作简便、高效。目前按照按键的数目，可分为两键鼠标、三键鼠标及滚轮鼠标等。按照鼠标接口类型，可分为 PS/2 接口、串行接口、USB 接口。按其工作原理，可分为机电式鼠标、光电式鼠标、无线遥控式鼠标等。

(3) 显示器

显示器是用户用来显示有关输出结果的设备。它分为单色显示器和彩色显示器两种。笔记本电脑使用 LCD 液晶显示器。显示器所显示的图形和文字是由许许多多的"点"组成的，这些点称为像素。分辨率是指显示器屏幕在水平和垂直方向上最多可以显示的"点"数（像素数），分辨率越高，屏幕可以显示的内容越丰富，图像也越清晰。目前的显示器一般都是 19 英寸①以上的宽屏显示器，分辨率为 1 440×900 像素，22 英寸显示器已经可以达到 1 920×1 080 像素的全高清分辨率。显示器还应配备相应的显示适配器（又称显卡）才能工作。显卡一般被插在主板的扩展槽内，通过总线与 CPU 相连。当 CPU 有运算结果或图形要显示时，首先将信号送至显卡，由显卡的图形处理芯片（Graphic Processing Unit，GPU）把它们翻译成显示器能够识别的数据格式，并通过显卡后面的一根 15 芯 VGA 接口和显示电缆传给显示器。显示器的显示方式是由显卡控制的。显卡必须有显示存储器（VRAM），显存容量越大，显卡所能显示的色彩越丰富，分辨率就越高。例如，显示存储器用 8 bit 可以显

---

① 1 英寸=2.54 厘米。

示 256 种颜色；用 24 bit 则可以显示 256^3 种颜色。显卡的颜色设置有：16 色、256 色、增强色（16 位）和真彩色（32 位）。现在主流显卡的显存容量已经达到 1 GB，高端显卡最大显存容量已经达到 6 GB。

（4）打印机

在计算机系统中，打印机是传统的重要输出设备。近年来在集成电路技术和精密机电技术发展的推动下，打印机技术也得到了突飞猛进的发展。在市场中可以看到种类繁多，各具特色的产品。印字质量通常用分辨率 DPI（点数/英寸）来衡量。

① 针式打印机曾经是使用最多、最普遍的一种打印机。它的工作原理是根据字符的点阵图或图像的点阵图形数据，利用电磁铁驱动钢针，击打色带，在纸上打印出一个个墨点，从而形成字符或图像。它可以使用连续纸，也可以用分页纸。在打印质量、速度、噪声方面，针式打印机最差，但打印成本最低。

② 喷墨打印机利用喷墨印字技术，即从细小的喷嘴喷出墨水滴，在纸上形成点阵字符或图形的技术。按喷墨技术的不同，分为喷泡式和压电式两种。目前大部分喷墨打印机都可以进行彩色打印。如图 1-7（a）所示。

③ 激光打印机是一种高精度、低噪声的非击打式打印机。它是利用激光扫描技术与电子照相技术共同来完成整个打印过程的。在打印质量方面，激光打印机最好，一般可达 1 200 dpi 左右；在打印速度方面，激光打印机最快，高档机一般为 20 ppm 以上；在噪声方面，激光打印噪声最小；激光打印机价格及打印成本最高。如图 1-7（b）所示。

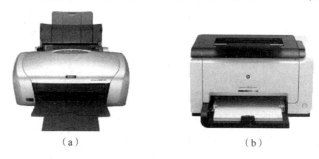

图 1-7　喷墨打印机（a）与激光打印机（b）

1.3.2　微型计算机的软件系统

硬件是组成计算机的基础，软件才是计算机的灵魂。计算机的硬件系统上只有安装了软件后，才能发挥其应有的作用。使用不同的软件，计算机可以完成各种不同的工作。配备了软件的计算机才是完整的计算机系统。微型计算机系统的软件分为两大类，即系统软件和应用软件。系统软件支持机器运行，应用软件满足业务需求。

1. 系统软件

系统软件是指由计算机生产厂或"第三方"为管理计算机系统的硬件和支持应用软件运行而提供的基本软件，最常用的有操作系统、程序设计语言、数据库管理系统、联网及通信软件等。

（1）操作系统

操作系统（Operating System，OS）是微机最基本、最重要的系统软件。它负责管理计算机系统的各种硬件资源（例如 CPU、内存空间、磁盘空间、外部设备等），并且负责将用户对机器的管理命令转换为机器内部的实际操作，例如 Windows 7、Windows 8 等。

（2）程序设计语言

计算机语言分为机器语言、汇编语言和高级语言。机器语言的运算速率是所有语言中最高的；汇编语言是"面向机器"的语言；高级语言不能直接控制计算机的各种操作，编译程序产生的目标程序往往比较庞大，程序难以优化，所以运行速度较慢。

（3）数据库管理系统

数据库管理系统（DateBase Management System，DBMS）是安装在操作系统上的一种对数据进行统一管理的系统软件，主要用于建立、使用和维护数据库。微机上比较著名的数据库管理系统有 Access、Oracle、SQL Server、Sybase 等。

（4）联网和网络管理系统软件

网络上的信息资源要比单机上丰富得多，因此出现了专门用于联网和网络管理系统的软件。例如著名的网络操作系统 NetWare、UNIX、Linux、Windows NT 等。

2. 应用软件

应用软件是指除了系统软件以外，利用计算机为解决某类问题而设计的程序集合，主要包括信息管理软件、辅助设计软件、实时控制软件等。

（1）办公软件

微型计算机的一个很重要的工作就是日常办公，微软开发的 Office 2003/2007/2010 办公软件包含 Word 文字处理软件、电子表格 Excel、演示文稿 PowerPoint 和数据库管理系统 Access 等组件。这些组件协同使用，基本可以满足日常办公的需要。

（2）工具软件

常用的工具软件有压缩/解压缩工具、杀毒工具、下载工具、数据备份与恢复工具、多媒体播放工具及网络聊天工具，例如 Winrar、Winzip、Rising、Ghost、Thunder、QQ 等。

（3）信息管理软件

信息管理软件（Management Information System，MIS）用于对信息进行输入、存储、修改、检索等，例如工资管理软件、人事管理软件、仓库管理软件等。这种软件一般需要数据库管理系统进行后台支持，使用可视化高级语言进行前台开发，形成客户机/服务器（Cliet/Server，C/S）或浏览器/服务器（Browse/Server，B/S）体系结构。

（4）辅助设计软件

辅助设计软件用于高效地绘制、修改工程图纸，进行设计中的常规计算，帮助用户寻求好的设计方案，例如二维绘图设计、三维几何造型设计等。这种软件一般需要 AutoCAD 和程序设计语言、数据库管理系统等的支持。

（5）实时控制软件

实施控制软件用于随时获取生产装置、飞行器等的运行状态信息，并以此为依据按预定的方案对其实施自动或半自动控制。这种软件需要汇编语言或 C 语言等支持。

1.4 数 制

在计算机内部，各种信息都必须通过数字化编码后才能进行存储和处理。数据是指能够输入计算机并被计算机处理的数字、字母和符号的集合。平常所看到的景象和听到的事实，都可以用数据来描述。可以说，只要是计算机能够接收的信息，都可叫数据。在电子计算机内部，数是用二进制形式来表现的。而对于非数值信息（字符、图形、声音等），则是通过对其进行二进制编码来处理的。

1.4.1 基本概念

1. 位

二进制数据中的一个位（bit），简写为 b，音译为比特，是计算机存储数据的最小单位。一个二进制位只能表示 0 或 1 两种状态，要表示更多的信息，就要把多个位组合成一个整体，一般以 8 位二进制组成一个基本单位。

2. 字节

字节是计算机数据处理的最基本单位。字节（Byte）简记为 B，规定一个字节为 8 位，即 1 B = 8 bit，每个字节由 8 个二进制位组成。

3. 字

一个字通常由一个或若干个字节组成。字（Word）是计算机进行数据处理时，一次存取、加工和传送的数据长度。由于字长是计算机一次所能处理信息的实际位数，所以，它决定了计算机数据处理的速度，是衡量计算机性能的一个重要指标，字长越长，性能越好。

4. 数据换算关系

1 Byte = 8 bit，1 KB = 1 024 B，1 MB = 1 024 KB，1 GB = 1 024 MB，1 TB = 1 024 GB。

5. 计数制

用若干数位（由数码表示）的组合去表示一个数，各个数位之间是什么关系，即逢"几"进位，就是进位计数制的问题。数制，即进位计数制，是人们利用数字符号按进位原则进行数据大小计算的方法，通常以十进制进行计算。另外，还有二进制、八进制和十六进制等，见表 1-2。

表 1-2 常用进制

计数制	表示形式	规则	数码符号	基数（R）	位权
二进制	B（Binary）	逢二进一，借一当二	0，1	2	2^n
八进制	O（Octal）	逢八进一，借一当八	0，1，2，3，4，5，6，7	8	8^n
十进制	D（Decimal）	逢十进一，借一当十	0，1，2，3，4，5，6，7，8，9	10	10^n
十六进制	H（Hexadecimal）	逢十六进一，借一当十六	0，1，2，3，4，5，6，7，8，9，A，B，C，D，E，F	16	16^n

在计算机数制中，与进位计数制相关的概念有：数码、基数和位权。

① 数码：一个数制中表示基本数值大小的不同数字符号。例如，八进制有 8 个数码：0、1、2、3、4、5、6、7。

② 基数：一个数值所使用数码的个数。例如，八进制的基数为 8，二进制的基数为 2。

③ 位权：一个数值中某一位上的 1 所表示数值的大小。例如，八进制的 123，1 的位权

是64，2的位权是8，3的位权是1。

二进制数与其他数之间的对应关系见表1-3。

表1-3 几种常用进制之间的对照关系

十 进 制	二 进 制	八 进 制	十 六 进 制
0	0000	0	0
1	0001	1	1
2	0010	2	2
3	0011	3	3
4	0100	4	4
5	0101	5	5
6	0110	6	6
7	0111	7	7
8	1000	10	8
9	1001	11	9
10	1010	12	A
11	1011	13	B
12	1100	14	C
13	1101	15	D
14	1110	16	E
15	1111	17	F

1.4.2 进制转换

进制转换时，可以使用简写，二进制简写是B，八进制简写是O，十进制简写是D，十六进制简写是H。

1. 二、八、十六进制转换为十进制

转换方法：按权展开求和法。

【例1-1】 将$(1010.01)_2$、$(57)_8$和$(1A.2)_{16}$转换为十进制数。

$(1010.01)_2 = 1×2^3 + 0×2^2 + 1×2^1 + 0×2^0 + 0×2^{-1} + 1×2^{-2} = 10.25$

$(57)_8 = 5×8^1 + 7×8^0 = 47$

$(1A.2)_{16} = 1×16^1 + 10×16^0 + 2×16^{-1} = 26.125$

【课堂练习】 将$(10101.101)_2$、$(234.5)_8$和$(2EF)_{16}$转换为十进制数。

2. 十进制转换为二、八、十六进制

十进制整数转换为二、八、十六进制整数的方法：除以基数R倒取余数法。

十进制小数转换为二、八、十六进制小数的方法：乘以基数R正取整数法。

【例1-2】 将十进制数13.24转换为二进制数（小数点后保留4位有效数字）。

整数部分 13 转换：　　　　　　　　小数部分 0.24 转换：

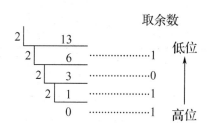
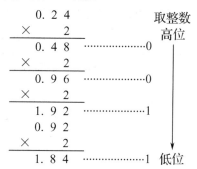

【课堂练习】　将十进制数 225.36 转换为二进制数（小数点后保留 2 位小数）。

3. 二进制转换为八进制和十六进制

转换方法：分组法。

因为 $2^3=8$、$2^4=16$，所以 3 位二进制数相当于 1 位八进制数，4 位二进制数相当于 1 位十六进制数。二进制转换为八、十六进制时，以小数点为中心，分别向两边按 3 位或 4 位分组，最后一组不足 3 位或 4 位时，用 0 补足，然后把每 3 位或 4 位二进制数转换为八进制数或十六进制数。

【例 1-3】　将二进制数 101011001.11011 转换为八进制和十六进制数。

转换为八进制：101　　011　　001　．　110　　110
　　　　　　　　5　　　3　　　1　．　6　　　6

结果：$(101011001.01011)_2 = (531.66)_8$

转换为十六进制：0001　　0101　　1001　．1101　　1000
　　　　　　　　　1　　　5　　　9　．　D　　　8

结果：$(101011001.01011)_2 = (159.D8)_{16}$

【课堂练习】　将二进制数 $(1110110101.0111101)_2$ 转换为八进制和十六进制数。

4. 八进制、十六进制转换为二进制

转换方法：对应法。

这个过程是上述二进制转换为八、十六进制的逆过程，1 位八进制对应 3 位二进制数，1 位十六进制数对应 4 位二进制数。

【例 1-4】　将 $(357.24)_8$ 和 $(147.8AC)_{16}$ 转换为二进制数。

　3　　5　　7　．　2　　4
011　101　111　．010　100

结果：$(357.24)_8 = (11101111.0101)_2$

　1　　4　　7　．　8　　A　　C
0001　0100　0111　．1000　1010　1100

结果：$(147.8AC)_{16} = (101000111.1000101011)_2$

【课堂练习】　将 $(567.234)_2$ 和 $(2A.56E)_{16}$ 转换为二进制数。

1.5 计算机病毒

1.5.1 计算机病毒及分类

计算机病毒是当今网络威胁中最普遍的事情,那么什么是计算机病毒呢?计算机病毒是指编制或者在计算机程序中插入的破坏计算机功能或者毁坏数据,影响计算机使用,并能自我复制的一组计算机指令或者程序代码,就像生物病毒一样,计算机病毒有独特的复制能力。一般来讲,可以用以下几个标准对计算机病毒进行分类:

1. 按照存在媒体分类

根据病毒存在的媒体,病毒可以划分为网络病毒、文件病毒、引导型病毒。网络病毒通过计算机网络传播感染网络中的可执行文件,文件病毒感染计算机中的文件(如 COM、EXE、DOC 等),引导型病毒感染启动扇区(Boot)和硬盘的系统引导扇区(MBR)。此外,还有这三种情况的混合型。例如,多型病毒(文件和引导型)有感染文件和引导扇区两个目标,这样的病毒通常都具有复杂的算法,它们使用非常规的办法侵入系统,同时使用了加密和变形算法。

2. 按照传染渠道分类

根据病毒传染的方法,可分为驻留型病毒和非驻留型病毒。驻留型病毒感染计算机后,把自身的内存驻留部分放在内存(RAM)中,这一部分程序挂接系统调用并合并到操作系统中去,同时处于激活状态,一直到关机或重新启动。非驻留型病毒在得到机会激活时,并不感染计算机内存。一些病毒在内存中留有小部分,但是并不通过这一部分进行传染,这类病毒也被划分为非驻留型病毒。

3. 按照破坏能力分类

无害型:除了传染时减少磁盘的可用空间外,对系统没有其他影响。

无危险型:这类病毒仅仅是减少内存、显示图像、发出声音及同类音响。

危险型:这类病毒在计算机系统操作中造成严重的错误。

非常危险型:这类病毒删除程序、破坏数据、清除系统内存区和操作系统中重要的信息。这些病毒对系统造成的危害,并不是本身的算法中存在危险的调用,而是当它们传染时,会引起无法预料的和灾难性的破坏。

由病毒引起其他程序产生的错误也会破坏文件和扇区,这些病毒也按照它们引起的破坏能力划分。

1.5.2 计算机病毒特点及常见软件

1. 计算机病毒特点

寄生性:计算机病毒寄生在其他程序之中,当执行这个程序时,病毒就起破坏作用,而在未启动这个程序之前,它是不易被人发觉的。

传染性:计算机病毒不但本身具有破坏性,更有害的是其具有传染性。一旦病毒被复制或产生变种,其传染速度之快令人难以预防。传染性是病毒的基本特征。

潜伏性:有些病毒像定时炸弹一样,让它什么时间发作是预先设计好的。比如黑色星期五病毒,不到预定时间一点都觉察不出来,等到条件具备的时候一下子就爆炸开来,对系统进行破坏。

隐蔽性：计算机病毒具有很强的隐蔽性，有的可以通过病毒软件检查出来，有的根本就查不出来，有的时隐时现、变化无常，这类病毒处理起来通常很困难。

破坏性：计算机中毒后，可能会导致正常的程序无法运行、把计算机内的文件删除或使其受到不同程度的损坏。

可触发性：病毒因某个事件或数值的出现，诱使病毒实施感染或进行攻击的特性称为可触发性。

2. 常见计算机病毒的预防软件

上网防病毒的关键还是在预防，在注意上述情况的同时，还得安装相应的防护软件，目前常用的病毒防杀软件有 360 杀毒、瑞星、金山毒霸等。

360 杀毒软件是国内最受欢迎的免费安全软件，它拥有查杀流行木马、清理恶评及系统插件、系统实时保护、修复系统漏洞等数个强劲功能，同时，还提供系统全面诊断、弹出插件免疫、清理使用痕迹及系统还原等特定辅助功能，并提供对系统的全面诊断报告，为用户提供全方位系统安全保护。

瑞星是一款国产杀毒软件，其监控能力是十分强大的，但同时占用系统资源较大。瑞星采用第八代杀毒引擎，能够快速、彻底地查杀大小各种病毒，这个绝对是全国顶尖水平。但是瑞星的网络监控不行，最好再加上瑞星防火墙弥补缺陷。

金山毒霸是金山公司推出的电脑安全产品，监控、杀毒全面、可靠，占用系统资源较少。其软件的组合版功能强大（毒霸主程序、漏洞修补、反间谍、金山网镖），集杀毒、监控、防木马、防漏洞于一体，是一款具有市场竞争力的杀毒软件。

3. 360 杀毒软件的安装

① 下载 360 杀毒软件。在 360 官网（http://sd.360.cn/）的下载中心，可以免费下载 360 杀毒软件。

② 安装 360 杀毒软件。下载完成后，执行安装程序进行安装。

③ 查杀病毒。360 杀毒提供了四种手动病毒扫描方式：快速扫描、全盘扫描、指定位置扫描及右键扫描。图 1-8 所示进行的是全盘扫描。

图 1-8　360 杀毒全盘扫描

快速扫描：扫描 Windows 系统目录及 Program Files 目录。

全盘扫描：扫描所有磁盘。

指定位置扫描：扫描用户指定的目录。

右键扫描：集成到右键菜单中。当用户在文件或文件夹上单击鼠标右键时，可以选择"使用 360 杀毒扫描"对选中文件或文件夹进行扫描。

④ 使用 360 安全卫士进行电脑体检。全面检测电脑系统健康状况，并对电脑做一些必要的维护。图 1-9 所示进行的是电脑体检。

图 1-9　360 安全卫士进行电脑体检

⑤ 查杀木马。单击图 1-9 中的"木马查杀"按钮，进入界面后，选择"快速扫描""全盘扫描""自定义扫描"来检查电脑里是否存在木马程序。扫描结束后，若出现疑似木马，可以根据情况选择删除或加入信任区。

⑥ 修复漏洞。Windows 操作系统在逻辑设计上的缺陷或在编写时产生的错误、系统漏洞，可以被不法者或者电脑黑客利用，通过植入木马、病毒等方式来攻击或控制整个电脑，从而窃取电脑中的重要资料和信息，甚至破坏系统。一般情况下，Windows 会通过 Windows Update 自动修复漏洞，但会安装很多用不到的功能性更新，导致系统变慢。所以，很多用户会选择 360 安全卫士等第三方软件修复漏洞。修复方法很简单，单击"漏洞修复"，360 安全卫士会自动扫描系统存在的漏洞，选择需要修复的漏洞，单击"立即修复"即可。

⑦ 电脑清理。计算机系统工作时，所过滤加载出的剩余数据文件，虽然每个垃圾文件所占系统资源并不多，但如果长时间不清理，会越来越多，从而影响电脑的运行速度和上网速度，且浪费硬盘空间。单击"一键清理"可以对当前系统进行清理，如图 1-10 所示。

图 1-10　360 安全卫士进行电脑清理

清理垃圾：清理系统内的垃圾文件。

清理插件：清理系统内不需要的插件，保护系统安全。

清理痕迹：清理系统被使用的痕迹，保障隐私安全。

清理Cookie：清理浏览网页、登录邮箱、观看视频及进行其他操作时生成的Cookie，保护隐私安全。

清理注册表：清理注册表功能可以识别注册表错误，清除无效注册表项，使系统运行更加稳定。

一、选择题

1. 一个完整的微型计算机系统应包括（　　）。
   A. 计算机及外部设备　　　　　　　　B. 主机箱、键盘、显示器和打印机
   C. 硬件系统和软件系统　　　　　　　D. 系统软件和系统硬件
2. 十六进制1000转换成十进制数是（　　）。
   A. 4 096　　　　　B. 1 024　　　　　C. 2 048　　　　　D. 8 192
3. 在微机中，Bit的中文含义是（　　）。
   A. 二进制位　　　B. 字　　　　　　C. 字节　　　　　D. 双字
4. 某单位的财务管理软件属于（　　）。
   A. 工具软件　　　B. 系统软件　　　C. 编辑软件　　　D. 应用软件
5. 个人计算机属于（　　）。
   A. 小巨型机　　　B. 中型机　　　　C. 小型机　　　　D. 微机
6. 断电会使原存信息丢失的存储器是（　　）。
   A. 半导体RAM　　B. 硬盘　　　　　C. ROM　　　　　D. 软盘
7. 计算机软件系统应包括（　　）。
   A. 编辑软件和连接程序　　　　　　　B. 数据软件和管理软件
   C. 程序和数据　　　　　　　　　　　D. 系统软件和应用软件
8. 半导体只读存储器（ROM）与半导体随机存储器（RAM）的主要区别在于（　　）。
   A. ROM可以永久保存信息，RAM在掉电后信息会丢失
   B. ROM掉电后，信息会丢失，RAM则不会
   C. ROM是内存储器，RAM是外存储器
   D. RAM是内存储器，ROM是外存储器
9. 在微机中，存储容量为1 MB，指的是（　　）。
   A. 1 024×1 024个字　　　　　　　　B. 1 024×1 024个字节
   C. 1 000×1 000个字　　　　　　　　D. 1 000×1 000个字节
10. 反映计算机存储容量的基本单位是（　　）。
    A. 二进制位　　　B. 字节　　　　　C. 字　　　　　　D. 双字
11. 世界上第一台电子数字计算机取名为（　　）。
    A. UNIVAC　　　B. EDSAC　　　　C. ENIAC　　　　D. EDVAC

12. 一个字节包括（　　）个二进制位。
A. 8　　　　　　　　B. 16　　　　　　　　C. 32　　　　　　　　D. 64

13. 1 MB 等于（　　）字节。
A. 100 000　　　　　B. 1 024 000　　　　C. 1 000 000　　　　D. 1 048 576

14. 与十进制 36.875 等值的二进制数是（　　）。
A. 110 100.011　　　B. 100 100.111　　　C. 100 110.111　　　D. 100 101.101

15. 在计算机系统中，任何外部设备都必须通过（　　）才能和主机相连。
A. 存储器　　　　　B. 接口适配器　　　　C. 电缆　　　　　　　D. CPU

16. 从软件分类来看，Windows 属于（　　）。
A. 应用软件　　　　B. 系统软件　　　　　C. 支撑软件　　　　　D. 数据处理软件

17. 术语"ROM"是指（　　）。
A. 内存储器   B. 随机存取存储器
C. 只读存储器   D. 只读型光盘存储器

18. 术语"RAM"是指（　　）。
A. 内存储器   B. 随机存取存储器
C. 只读存储器   D. 只读型光盘存储器

19. 1 GB 等于（　　）。
A. 1 024×1 024 字节   B. 1 024M 字节
C. 1 024M 二进制位   D. 1 000M 字节

20. 主要决定微机性能的是（　　）。
A. CPU　　　　　　B. 耗电量　　　　　　C. 质量　　　　　　　D. 价格

21. 计算机病毒不具备（　　）。
A. 传染性　　　　　B. 寄生性　　　　　　C. 免疫性　　　　　　D. 潜伏性

22. 计算机病毒是一种特殊的计算机程序段，具有的特性有（　　）。
A. 隐蔽性、复合性、安全性   B. 传染性、隐蔽性、破坏性
C. 隐蔽性、破坏性、易读性   D. 传染性、易读性、破坏性

23. 以下不属于计算机病毒的防治策略的是（　　）。
A. 防毒能力　　　　B. 查毒能力　　　　　C. 杀毒能力　　　　　D. 禁毒能力

24. 计算机病毒不可能隐藏在（　　）中。
A. 光缆　　　　　　B. 电子邮件　　　　　C. 光盘　　　　　　　D. 网页

25. 面对产生计算机病毒的原因，不正确的说法是（　　）。
A. 操作系统设计中的漏洞
B. 有人输入了错误的命令，而导致系统被破坏
C. 为了破坏别人的系统，有意编写的破坏程序
D. 数据库中由于原始数据的错误而导致的破坏程序

26. 下面不可能有效的预防计算机病毒的方法是（　　）。
A. 当别人要拷贝你的 U 盘中的文件时，将有病毒的 U 盘格式化
B. 当你要拷贝别人的 U 盘中的文件时，将他的 U 盘先杀毒，再拷贝
C. 将染有病毒的文件删除

D. 将染有病毒的文件重命名

27. 有一类病毒寄生在可执行文件中，当该文件执行时，该病毒也就执行了，这类病毒称为（   ）。

A. 引导型病毒　　　　　　　　　　B. 操作系统型病毒

C. 文件型病毒　　　　　　　　　　D. 混合型病毒

28. 下面关于计算机病毒的特征，说法不正确的是（   ）。

A. 任何计算机病毒都有破坏性

B. 计算机病毒也是一个文件，它也有文件名

C. 有些计算机病毒会蜕变，即每感染一个可执行文件，就会演变成另一种形式

D. 只要是计算机病毒，就一定有传染的特征

二、简答题

1. 简述计算机的软硬件系统构成。
2. 简述计算机的特点及分类。
3. 简述数码、基数和位权、字节。
4. 简述计算机的应用领域。

Windows 7 操作系统

Windows 7 操作系统是由 Microsoft 公司于 2009 年 10 月 22 日推出的，是目前应用最广泛的操作系统，可供家庭及商业工作环境、笔记本电脑、平板电脑、多媒体中心等使用。中文版 Windows 7 以直观、方便的图形界面呈现在用户面前，以强大的功能和简洁的菜单为特点，使用户操作计算机变得简单、安全，成为用户提高工作效率和工作质量的有力工具。Windows 7 还对系统性能、响应性、安全性、可靠性和兼容性等基本功能进行了改进。本章通过对 Windows 7 操作系统、文件管理、控制面板的介绍，使用户能够熟练运用 Windows 7 系统，进行文件管理、磁盘管理等复杂操作，以及复制、移动、搜索、重命名、添加字体等日常操作。

2.1 Windows 7 操作系统

2.1.1 Windows 7 操作系统简介

操作系统（Operating System，OS），是方便用户管理和控制计算机软硬件资源的系统软件。它在计算机系统中的作用，大致可以从两方面体现：对内管理计算机系统的各种资源，扩充硬件的功能；对外提供良好的人机界面，方便用户使用计算机。它在整个计算机系统中具有承上启下的地位。

Microsoft Windows 是一个为个人电脑和服务器用户设计的操作系统，有时也被称为"视窗操作系统"。Windows 7 的核心版本号为 Windows NT 6.1。Windows 7 可供家庭及商业工作环境、笔记本电脑、平板电脑、多媒体中心等使用。目前 Windows 7 的版本主要有 Home Basic、Home Premium、Professional、Enterprise 和 Ultimate 5 种，其中本书使用 Ultimate 版。

1. Windows 7 Home Basic，家庭基础版

简化的家庭版，主要新特性有无限应用程序、增强视觉体验（没有完整的 Aero 效果）、高级网络支持（Ad-Hoc 无线网络和互联网连接支持 ICS）、移动中心（Mobility Center）。没有 Windows 媒体中心，缺乏 Tablet 支持，没有远程桌面，只能加入但不能创建家庭网络组（Home Group）等。

2. Windows 7 Home Premium，家庭高级版

面向家庭用户，满足家庭娱乐需求。在家庭基础版上新增 Aero Glass 高级界面、高级窗口导航、改进的媒体格式支持、媒体中心和媒体流增强、多点触摸、更好的手写识别等。

3. Windows 7 Professional，专业版

面向爱好者和小企业用户，满足办公开发需求，是替代 Windows Vista 的商业版。包含的功能有：加强网络、高级备份、位置感知打印、脱机文件夹、移动中心（Mobility Center）、演示模式（Presentation Mode）。

4. Windows 7 Enterprise，企业版

面向企业市场的高级版本，满足企业数据共享、管理、安全等需求。包括多语言包、UNIX 应用支持、内置和外置驱动器数据保护 BitLocker、锁定非授权软件运行 AppLocker、无缝连接企业网络 Direct Access 等。

5. Windows 7 Ultimate，旗舰版

面向高端用户和软件爱好者，拥有 Windows 7 家庭高级版和 Windows 7 专业版的所有功能，它对硬件要求也是最高的。

2.1.2 Windows 7 基本操作

1. Windows 7 的安装

微软在发布 Windows 7 操作系统时，提供了硬件需求列表，见表 2-1。

表 2-1 Windows 7 硬件配置要求

硬件名称	基本需求	建议与基本描述
CPU	1 GHz 及以上	安装 64 位，Windows 7 需要更高 CPU 支持
内存	1 GB 及以上	推荐 2 GB 及以上
硬盘	16 GB 以上可用空间	安装 64 位，Windows 7 需要至少 20 GB 及以上硬盘可用空间
显卡	Direct ⓒ 9 显卡支持或 WDDM1.0 或更高版本	如果低于此标准，Aero 主题特效可能无法实现
其他设备	DVD R/W 驱动器	选择光盘安装
网卡	网络支持	需要激活，否则仅能用 30 天

目前，Windows 7 安装方法主要有以下几种：

（1）光盘安装法

简单易学且兼容性好，可升级安装，也可全新安装，安装方式灵活。首先下载相关系统安装盘的 ISO 文件，刻盘备用；然后开机进入 BIOS，设定为光驱优先启动；接着放进光盘，重启电脑，光盘引导进入安装界面，按相应选项进行安装即可。

（2）硬盘安装法

启动已有的 Windows 系统，把 Windows 7 系统 ISO 文件解压到其他分区；运行解压目录

下的 setup.exe 文件，按相应步骤操作即可。该安装方法简单，但不能格式化当前系统分区。

（3）U 盘安装法

该方法是目前的主流安装方法，与光盘安装类似，只是不需要刻录。

2. Windows 7 的启动

启动操作系统是把操作系统的核心程序从启动盘（通常是硬盘）中调入内存并运行的过程。一般有 3 种方式可以启动 Windows 7：

冷启动：也称加电启动，用户只需打开计算机电源开关即可。

重新启动：通过执行"开始"菜单中的"重新启动"命令来实现。

复位启动：用户只需按一下主机箱面板上的 Reset 按钮（也称复位按钮）即可。该方法带有一定的强制性，不管硬盘是否运行，都会强制关机重启，因此需慎重使用。

3. Windows 7 的退出

使用完计算机后，需要正确退出 Windows 7，以下是两种比较常用的方法：

方法 1：在 Windows 7 系统中关闭所有应用程序窗口后，按 Alt+F4 组合键，弹出"关闭 Windows"对话框，选择"希望计算机做什么（W）？"下拉列表中的"关机"项，如图 2-1 所示，单击"确定"按钮。

方法 2：按下键盘上的 Windows 徽标键或者左键单击"开始"按钮，打开"开始"菜单，如图 2-2 所示，单击"关机"按钮即可。

图 2-1 "关闭 Windows"对话框

图 2-2 "开始"按钮下的"关机"选项

以上两种方法中，用户还可以在下拉列表中选择"注销""切换用户""重新启动""锁定""睡眠"和"休眠"命令，其功能含义见表 2-2。

表 2-2 Windows 7 退出命令功能含义

退出命令	功能含义
注销	当前用户身份被注销并退出操作系统，计算机回到当前用户没有登录之前的状态
切换用户	保留当前用户打开的所有程序和数据，暂时切换到其他用户使用计算机
重新启动	当计算机不能正常工作，或用户调整系统配置后为使配置生效时，通常需要重新启动系统，相当于执行关机操作后再开机
锁定	不关闭当前用户程序，锁定当前用户，使用前需要解锁
睡眠	将当前用户的程序存储在内存中，锁定当前用户，计算机仅为内存供电并关闭其他所有电源，以降低功耗

续表

退出命令	功能含义
休眠	一种主要为便携式计算机设计的电源节能状态。休眠状态将打开的文档和程序保存到硬盘中，然后关闭计算机。在 Windows 使用的所有节能状态中，休眠使用的电量最少。对于便携式计算机，如果用户知道将有很长一段时间不使用它，并且在那段时间不可能给电池充电，则应使用休眠模式

注意：退出 Windows 操作系统时，不要强制关闭计算机电源，否则会导致系统盘产生错误文件，丢失未及时保存的数据，甚至损坏硬盘，下次开机时 Windows 系统将会进行系统扫描，检查非法关机时是否损坏硬盘，并进行一些文件系统的修复工作，所以要按照关闭 Windows 系统的步骤正确关闭计算机。

4. Windows 7 的桌面环境与任务栏

Windows 7 有五种系统图标，如图 2-3 所示。

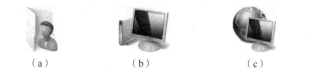

（a）　　　　（b）　　　　（c）　　　　（d）　　　　（e）

图 2-3　系统图标

（a）Administrator；（b）计算机；（c）网络；（d）回收站；（e）控制面板

Administrator：所有的文档、图形和其他的文件将保存在这个文件夹中。

计算机：用来查看计算机软硬件资源。

网络：可以查看网络上其他的计算机，无论 PC 机是否连接到网上，都会有这个图标。

回收站：容纳已被删除的垃圾，其中的内容可清空、可还原。

控制面板：网页浏览软件。

任务栏位于桌面的最底部，主要由"开始"按钮、快速启动区、程序按钮区、通知区和"显示桌面"按钮组成，如图 2-4 所示。用户可以使用其上的"开始"按钮和其他任何按钮。

图 2-4　任务栏及其组成

"开始"按钮："开始"按钮是启动程序的起点，单击此按钮即可打开"开始"菜单。通常情况下，所有的程序都挂接在这个多级菜单上。从"开始"按钮开始，可以启动系统中的任何程序。

快速启动区：锁定在该区域的图标多为常用的应用程序图标，便于用户快速启动相应程序。

程序按钮区：显示正在运行的程序的按钮。每打开一个程序或文件夹窗口，代表它的按钮就会出现在该区域。关闭窗口后，该按钮随即消失。

通知区：包括系统时钟及一些常驻内存的特定程序和计算机设置状态的图标。

显示桌面：单击此按钮，所有窗口被最小化，显示 Windows 7 桌面。

5. Windows 7 的开始菜单

"开始"菜单中汇集了计算机中程序列表、启用菜单列表、搜索框、所有程序，以及文件夹和选项设置等内容，如图 2-5 所示。

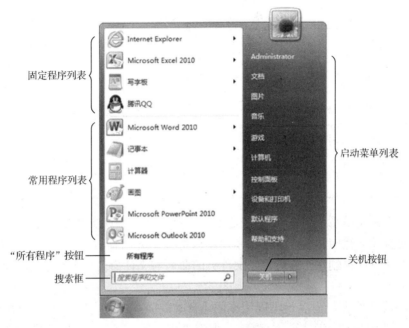

图 2-5 "开始"菜单

① 固定程序列表。该列表程序会固定显示在"开始"菜单中，以便用户快速打开其中的应用程序。

② 常用程序列表。为方便用户的使用，常用程序列表显示出用户常用的程序，此列表随着时间动态分布，通常是系统根据用户平常的操作习惯，逐渐列出最常用的几个应用程序。

③ "所有程序"按钮。系统中安装的所有程序都可以在"所有程序"列表中找到。该列表按照字母顺序排列，上面显示程序列表，下面显示文件夹列表。单击列表中某文件夹图标，可以展开或收起此文件夹下的程序列表。

启动菜单列表：提供对常用文件夹、文件、设置和功能的访问。单击即可打开窗口。

设置：可对控制面板、网络连接、打印机等进行设置。

搜索框：通过键入搜索项可在计算机上查找程序和文件，并把搜索结果列表显示在搜索框的上方。

关闭计算机：打开关闭计算机对话框，可进行待机、重启或关机操作。

6. Windows 7 的文件和文件夹

文件：文件是具有某种相关信息的数据的集合。文件可以是应用程序，也可以是应用程序创建的文档。包括文件名、文件的大小、文件类型和创建时间等。特定的文件都会有特定的图标，但只有安装了相应的软件，才能显示出这个文件的图标。

文件命名：文件名包括两部分：文件主名和文件扩展名，二者用圆点来分隔。扩展名用于表示文件的类型。常用扩展名见表 2-3。文件名最多由 255 个字符组成，可以包含字母、数字、汉字和部分符号。不能包含<、>、/、\、*和?等非法字符。其中*和?为通配符号，*代表任意多个字符；而?代表任意一个字符。在同一存储位置，不能有文件名完全相同的文件存在。此外，文件名不区分字母的大小写。

表 2-3 常用扩展名表

扩 展 名	意 义	扩 展 名	意 义
.Exe	可执行文件	.sys	系统文件
.com	命令文件	.pdf	Adobe Acrobat 文档
.doc	Word 文档	.wav 或 .mp3	声音文件
.txt	文本文件	.html	网页文件
.jpg	图像文件	.ppt	幻灯片文件
.zip 或 .rar	压缩文件	.xls	电子表格文件

文件夹：文件夹是系统组织和管理文件的一种形式。计算机的磁盘上存储了大量的文件，为了方便查找、存储和管理文件，用户可以将文件分门别类地存放在不同的文件夹里，并且文件夹下还可以再创建子文件夹。文件夹的命名与文件命名相同，不同的是文件夹只有名称，没有扩展名。

查看文件或文件夹：为满足不同用户需求，Windows 7 系统提供了八种查看文件或文件夹的方式，分别为超大图标、大图标、中等图标、小图标、列表、详细信息、平铺和内容。

排列文件或文件夹：在 Windows 7 系统中，可以将文件按"名称""类型""大小"和"修改日期"进行"递增"或"递减"排列。当用户选择以"大小""递减"排列命令后，即列出文件按所占空间大小而递减排序的结果列表。

7. Windows 7 控制面板

可以使用两种不同的方法找到要查找的"控制面板"项目：

① 使用搜索：若要查找感兴趣的设置或要执行的任务，在搜索框中输入单词或短语。例如，键入"声音"可查找与声卡、系统声音及任务栏上音量图标的设置有关的特定任务。

② 浏览：可以通过单击不同的类别（例如，系统和安全、程序或轻松访问）并查看每个类别下列出的常用任务来浏览"控制面板"。或者在"查看方式"下，单击"大图标"或"小图标"以查看所有"控制面板"项目的列表，如图 2-6 所示。如果按图标浏览"控制面板"，则可以通过键入项目名称的第一个字母来快速向前跳到列表中的该项目。例如，若要向前跳到小工具，键入"G"，结果会在窗口中选中以字母 G 开头的第一个"控制面板"项目。

系统和安全：允许用户查看多种安全特性状态的部件，包括 Windows 防火墙、自动更新病毒防护。它会在这些特性被启用、禁用或者有另外的安全威胁时通报用户。

网络和 Internet：显示并允许用户修改或添加网络连接，例如本地网络（LAN）和因特网（Internet）连接。它也在计算机需要重新连接网络时提供了疑难解答功能。

图 2-6 Windows 7 控制面板

硬件和声音：启动添加新硬件设备的向导，从硬件列表中选择或指定设备驱动程序的安装文件位置来完成硬件的添加。

程序：卸载程序和 Windows 功能等。

用户账户和家庭安全：更改用户账户的设置和密码，并设置家长控制。

外观和修改化：更改桌面外观、主题、屏幕保护，或自定义开始菜单和任务栏。

时钟、语言和区域：允许用户更改存储于计算机 BIOS 中的日期和时间，更改时区，并通过 Internet 时间服务器同步日期和时间；设置机器使用的语言等。

轻松访问：根据视觉、听觉和移动能力的需要调整计算机设置，并通过声音命令使用语音识别控制计算机。

2.2　Windows 7 系统运用

2.2.1　设置桌面与图标

任务要求：通过桌面属性对话框可以设置桌面的相关属性，如改变桌面背景、改变图标样式、设置屏幕保护及外观效果、分辨率等。

步骤 1：排列桌面图标

在桌面空白处单击鼠标右键，弹出桌面快捷菜单，如图 2-7 所示。移动鼠标指向"排列方式"选项，在弹出级联菜单中，单击"名称""大小""类型""修改时间""自动排列"等选项，可按选中方式重新排列桌面图标。

步骤 2：自定义图标

① 在桌面上单击鼠标右键，单击"个性化"，打开"显示属性"对话框。单击"桌面"选项卡，打开桌面属性设置对话框，如图 2-8 所示。

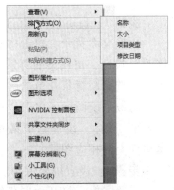

图 2-7 排列图标

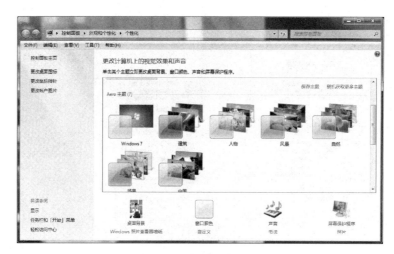

图 2-8 桌面属性设置

② 单击"更改桌面图标"→"桌面图标设置",弹出如图 2-9 所示对话框。选择桌面上某项图标,如选中"计算机",单击"更改图标"按钮,在打开的图标预览框里选中一个图标,如图 2-10 所示,单击"确定"按钮。也可以单击"浏览"按钮,应用列表以外的其他图标文件。

图 2-9 桌面项目设置

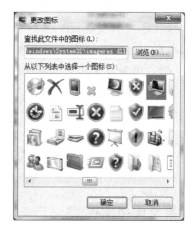

图 2-10 更改图标设置

步骤 3:自定义桌面

更换桌面背景:单击"桌面背景",选择背景列表中的图片文件名"13",单击"保存修改"按钮,更换桌面背景,如图 2-11 所示。

自选桌面背景:单击"浏览"按钮,可以使用本地计算机上的其他图片文件作为背景。

隐藏系统图标:单击"更改桌面图标"→"桌面图标设置",如图 2-9 所示,取消勾选"网络"图标,设置隐藏桌面上的"网络"图标。同样,取消勾选"计算机"选项,则隐藏桌面上的相应图标。

步骤 4:设置屏幕保护

设置屏保:打开"屏幕保护"选项卡,设置屏幕保护程序为"变幻线",等待为 4 分钟,单击"确定"按钮,屏幕在无人工作状态 4 分钟后,出现保护状态,如图 2-12 所示。

图 2-11　设置桌面背景

设置电源使用方案：在"屏幕保护"选项卡中，单击"更改电源设置"选项，可以设置电源使用方案、系统待机时间等，如图 2-13 所示。

图 2-12　设置屏幕保护

图 2-13　设置电源使用方案

步骤 5：设置外观与屏幕分辨率

设置窗口外观：选择"窗口颜色"→"高级外观设置"，打开外观选项卡，如图 2-14 所示，设置窗口的外观风格、色彩方案及字体大小等。

图 2-14　设置窗口外观

设置屏幕分辨率：选择"显示"选项卡，如图 2-15 所示，设置显示器的屏幕分辨率及颜色质量。

图 2-15 设置屏幕分辨率

2.2.2 使用任务栏

任务要求：Windows 任务栏位于桌面的最下方，在默认情况下，显示时钟，显示应用程序分组，隐藏不活动的图标，而且始终位于最前端。现要求自定义任务栏，改变默认设置。

步骤 1：设置任务栏

右键单击"开始"按钮，单击"属性"选项，打开如图 2-16 所示的"任务栏和「开始」菜单属性"对话框。在"任务栏"选项卡中，通过供选择的相关选项，可对任务栏进行设置。

工具栏的设置：在任务栏的空白区域内单击鼠标右键，单击"工具栏"，勾选或取消选择相应属性，相应地设置是否在任务栏上显示或隐藏相应的属性，如图 2-17 所示。

图 2-16 设置任务栏

图 2-17 设置工具栏

快速返回桌面：单击任务栏尾部，显示桌面图标，直接从应用程序返回桌面；或者使用快捷键 WIN（Windows 徽标键）+D 执行"显示桌面"命令，快速返回桌面。

2.2.3 使用开始菜单

任务要求：设置开始菜单样式、菜单大小、开始菜单上程序数目及其他。

步骤1：设置开始菜单样式

在"任务栏和「开始」菜单属性"对话框中，选择"「开始」菜单"选项卡，如图2-18所示。

步骤2：自定义开始菜单

单击"任务栏和「开始」菜单属性"→"「开始」菜单"→"自定义"，打开如图2-19所示对话框。

图 2-18 设置开始菜单

图 2-19 自定义开始菜单

步骤3：利用开始菜单启动计算器程序并进行计算

依次单击"开始"→"所有程序"→"附件"→"计算器"，打开计算器应用程序，计算"123.5+11.7×25"的值，结果如图2-20所示。

单击"查看"菜单项，选择"科学型"计算器，计算30°角的正弦值及2^{10}的值；选择"二进制"选项，把二进制数1101110转换为八进制数、十六进制数。

步骤4：搜索jpg文件

依次单击"开始"→"搜索"，在"搜索程序和文件"对话框中输入要搜索的内容"*.jpg"，单击"搜索"，得到如图2-21所示搜索结果。

图 2-20 计算器

图 2-21 搜索 jpg 文件

2.2.4　创建文件和文件夹

任务要求：在 D 盘创建"大学军训"和"喜欢的歌"两个文件夹，并在"喜欢的歌"文件夹中新建"大陆""港台"文件夹。在"喜欢的歌"中创建 Word 文档，命名为"歌词"并练习选取文件和文件夹。

步骤 1：新建文件夹

双击"计算机"，双击"D:"，在 D 盘的空白位置单击右键，在弹出的菜单中选择"新建"→"文件夹"，命名为"大学军训"。

打开"计算机"→"D:"，在主菜单上单击"文件"→"新建"→"文件夹"，命名为"喜欢的歌曲"。

双击"喜欢的歌曲"，在图 2-22 所示窗格中新建文件夹，分别命名为"大陆""港台"。

步骤 2：新建文件

双击"喜欢的歌曲"，单击右键，在弹出的菜单中选择"新建"→"Microsoft Word 文档"，命名为"歌词"。注意，修改文件名时，不能破坏原文件的类型，如图 2-23 所示。

图 2-22　新建文件夹

图 2-23　重命名 Word 文档

步骤 3：选取单个文件或文件夹

要选定单个文件或文件夹，只需用鼠标单击所要选取的对象即可。

步骤 4：选取多个连续文件或文件夹

鼠标单击第一个要选定的文件或文件夹，按住 Shift 键，再单击最后一个文件或文件夹；或者用鼠标拖动，绘制出一个选区，选中多个文件或文件夹。

步骤 5：选取多个不连续文件或文件夹

按住 Ctrl 键，再逐个单击要选中的文件或文件夹。

步骤 6：选取当前窗口全部文件或文件夹

使用主菜单"编辑"→"全选"命令；或使用 Ctrl+A 组合键完成全部选取的操作。

2.2.5　复制、移动、修改文件和文件夹

任务要求：把"我的文档"中的图片文件复制到 D 盘的"大学军训"文件夹中。把

"大学军训"文件夹移动到桌面；修改军训照片的文件名，并修改文件夹"大学军训"为"2012级新生军训照片"。

步骤1：了解复制和移动

复制是将所选文件或文件夹从某一磁盘（文件夹）移动拷贝到其他磁盘或同一磁盘的文件夹，若是同一文件夹，则需注意复制时的文件名不同；移动是将所选文件或文件夹从某一磁盘（文件夹）移动到另一磁盘（文件夹）中，原位置不保留源文件或文件夹。

步骤2：复制文件或文件夹

① 选中要复制的对象，如图2-24所示，使用主菜单"编辑"→"复制到文件夹"，打开"复制项目"对话框，单击目标文件夹"大学军训"，单击"复制"按钮，如图2-25所示。

图 2-24　选中复制对象　　　　　图 2-25　复制项目对话框

② 使用主菜单"编辑"→"复制"，或者使用快捷键Ctrl+C，或者右击选定对象并选择"复制"，选定目标文件夹"大学军训"，单击主菜单"编辑"→"粘贴"，或按Ctrl+V组合键，或右击选定对象并选择"粘贴"。

③ 鼠标拖动。同一磁盘中的复制，选中对象，按Ctrl键再拖动选定的对象到目标位置；不同磁盘中的复制，拖动选定的对象到目标位置。

步骤3：移动文件或文件夹

① 选中要移动的对象"大学军训"文件夹，在如图2-26所示文件夹窗格中单击"移动到文件夹"链接，打开"移动项目"对话框，选择目标位置"桌面"，如图2-27所示，单击"移动"按钮。

② 使用菜单移动。单击主菜单"编辑"→"剪切"，或者使用快捷键Ctrl+X，或者右击选定对象选择剪切，选定目标文件夹"大学军训"，单击主菜单"编辑"→"粘贴"，或按Ctrl+V组合键，或右击选定对象并选择"粘贴"。

③ 鼠标拖动。同一磁盘中的移动，直接拖动选定的对象到目标位置；不同磁盘中的移动，选中对象，按Shift键并拖动到目标位置。

步骤4：使用主菜单"重命名"命令

① 选中要更名的文件或文件夹，单击主菜单"文件"→"重命名"命令。

② 输入新名称，如将"大学军训"改为"2013级新生军训照片"。

图 2-26 选中要移动的对象

图 2-27 "移动项目"对话框

步骤 5：使用右键菜单的重命名命令

① 选中要更名的文件或文件夹，单击右键，在弹出的菜单中选择"重命名"命令。

② 输入新名称，如"2013 级新生军训照片"。

步骤 6：使用鼠标单击

选中要更名的文件或文件夹，使用鼠标连续单击两次，输入新名称即可。

2.2.6 删除与恢复文件和文件夹

任务要求：删除"喜欢的歌曲"中的所有"歌词.doc"文件；删除"港台""大陆"两个文件夹；恢复"大陆"文件夹；彻底删除"港台"文件夹。把"我的文档"中的图片文件复制到 D 盘的"大学军训"文件夹中。把"大学军训"文件夹移动到桌面；修改军训照片的文件名，并修改文件夹"大学军训"为"2013 级新生军训照片"。

步骤 1：删除文件和文件夹

① 删除文件到"回收站"。单击文件"歌词.doc"，单击鼠标右键，在右键菜单中选择"删除"按钮。或者单击文件"歌词.doc"，直接按键盘上的 Del 键删除文件。在弹出的"确认文件删除"对话框中选择"是"完成删除。此时选择"否"则取消本次删除操作。

② 用同样的方法选中"大陆"和"港台"文件夹，删除文件夹。在弹出的"确认文件夹删除"对话框中单击"是"按钮，即在原位置把文件夹"大陆"和"港台"删除并放入回收站，如图 2-28 所示。单击"否"则放弃删除操作。

③ 删除文件和文件夹也可以利用任务窗格和拖曳法进行操作。

步骤 2：恢复被删除的文件

在桌面上双击"回收站"图标，打开"回收站"窗口，选中要恢复的"歌词.doc"文件，单击"还原此项目"，还原该文件。还可以单击鼠标右键，在右键菜单中选择"还原"即可，如图 2-29 所示。

步骤 3：彻底删除

在"回收站"中，选中"港台"文件夹，单击右键，在右键菜单中选择"删除"即可。若要删除回收站中所有的文件和文件夹，则选择"清空回收站"。

图 2-28 回收站

图 2-29 右键还原

2.2.7 设置文件和文件夹的属性

任务要求：设置文件"歌词.doc"具有只读和隐藏两种属性，并设置隐藏文件不可见；设置"2012级新生军训照片"文件夹具有共享属性；取消以上所设置的属性。

步骤1：设置文件只读和隐藏

① 打开"歌词.doc"所在文件夹，右键单击"歌词.doc"，在弹出的菜单中选择"属性"，打开属性面板，勾选"只读"和"隐藏"，如图2-30所示，单击 确定 按钮。设置隐藏属性后，文件不显示。

② 设置隐藏文件不显示。在隐藏文件所在窗口，单击主菜单"工具"→"文件夹选项"→"查看"选项卡，如图2-31所示，选择"隐藏文件和文件夹"的"不显示隐藏的文件、文件夹或驱动器"选项。完成后被设置隐藏属性的文件不再显示。

图 2-30 属性设置

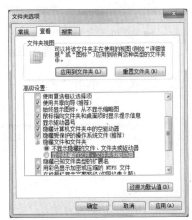

图 2-31 文件夹选项设置

步骤2：设置文件夹共享

① 打开"2013级新生军训照片"所在文件夹，右键单击"2013级新生军训照片"，在弹出的菜单中选择"属性"→"共享"选项卡，单击"共享"，设置共享的用户，单击"共享"，该文件夹即被共享，如图2-32所示。若操作后不能共享，需单击"网络和共享中心"按钮，进行网络共享设置，如图2-33所示。

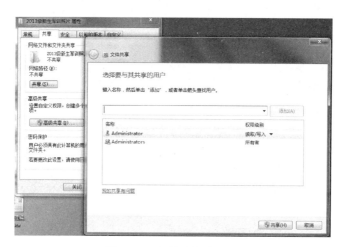

图 2-32　文件夹共享设置

图 2-33　网络共享中心

② 取消共享属性设置。单击"属性"→"共享"→"不共享",即解除共享,如图 2-34 所示。

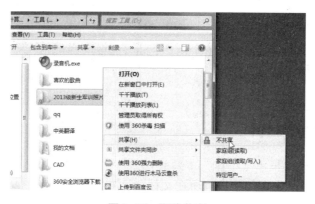

图 2-34　取消共享

③ 在图 2-30 中,取消勾选"只读""隐藏",即取消了文件只读与隐藏的属性。

2.2.8 添加/删除输入法，添加字体

任务要求：添加"微软拼音输入法""五笔加加输入法"；删除"极品五笔""中文繁体仓颉输入法"；设置默认输入法为"智能ABC"输入法；在Internet上下载一种字体，如"草檀斋毛泽东字体"，为系统添加新字体，并在Word中输入两句诗："红军不怕远征难，万水千山只等闲"，应用该字体。

步骤1：添加输入法

① 在"开始"→"控制面板"窗口中，单击"时钟、语言和地区"→"区域和语言选项"→"更改显示语言"→"更改键盘"，在打开的图2-35所示的"文字服务和输入语言"对话框中，单击"添加"按钮，在打开的图2-36所示的对话框中单击"键盘"下拉按钮，选择"微软拼音输入法2007"，单击"确定"按钮完成输入法的添加。

图2-35 文字服务和输入语言

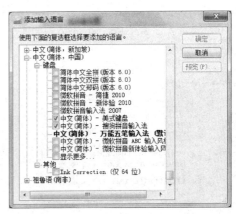

图2-36 添加输入语言

② 用上述方法添加"五笔加加输入法"。

步骤2：删除输入法

① 打开图2-35所示的"文字服务和输入语言"对话框，单击"已安装的服务"，拖动下拉条，选中"极品五笔"输入法，单击"删除"按钮，完成删除输入法的操作。

② 用上述方法删除"中文繁体仓颉输入法"。

步骤3：设置默认输入法

打开图2-35所示的"文字服务和输入语言"对话框，单击"默认输入语言"下拉按钮，在弹出的列表中选择"五笔加加输入法"，单击"确定"按钮即可。

步骤4：下载字体

登录"百度"网站，输入"字体下载 毛泽东"，单击"百度一下"，搜索到如图2-37所示毛泽东字体下载相关链接，单击链接，进入下载页面进行字体下载。

步骤5：解压字体

找到下载的字体压缩文件，单击右键，弹出如图2-38所示菜单，选择"解压到字体"。

图 2-37　搜索字体　　　　　　　　　图 2-38　解压字体

步骤 6：安装字体

打开控制面板，双击"字体"，打开字体安装对话框，单击主菜单"安装"即可进行字体的安装，如图 2-39 所示。找到字体所在驱动器、文件夹，要安装的字体就会显示在"字体列表"框中，此时选中该字体，单击"确定"按钮，即可进行字体安装，如图 2-40 所示。

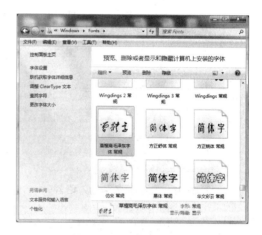

图 2-39　安装字体　　　　　　　　　图 2-40　字体安装成功

步骤 7：应用字体

单击"开始"→"程序"→"Microsoft Office"→"Microsoft Office Word 2003"，启动 Word 文档编辑程序，输入"红军不怕远征难，万水千山只等闲"；选中该文本，设置字体为"草檀斋毛泽东字体"，效果如图 2-41 所示。

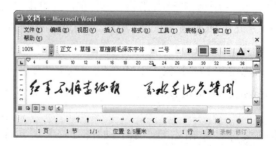

图 2-41　应用字体效果

2.2.9 卸载程序

任务要求：卸载 Windows 游戏中的"扫雷"和"空当接龙"游戏；删除"360 安全卫士"应用程序。

步骤 1：卸载 Windows 游戏

在"开始"→"控制面板"窗口中，单击"程序"→"打开或关闭 Windows 功能"，打开如图 2-42 所示"Windows 功能"对话框，展开"游戏"，取消勾选"扫雷"和"空当接龙"，单击"确定"按钮，完成游戏卸载。

步骤 2：删除"360 安全卫士"

在"开始"→"控制面板"窗口中，单击"程序"→"卸载程序"→"更改或删除程序"，选择列表中的"360 安全卫士"，如图 2-43 所示。右击"卸载/更改"命令按钮，完成删除操作。

图 2-42　Windows 组件向导图

图 2-43　删除"360 安全卫士"

2.2.10 整理磁盘碎片

任务要求：进行磁盘存储、删除程序等操作，时间长了就会产生磁盘碎片，此时文件不再是顺序排放，而是有空的地方就存一部分。所以，系统在读取文件时，需要花费更多的时间去查找和读取，从而减慢操作速度，而且对硬盘也有一定损伤，因此应该每隔一段时间进行一次碎片整理。

步骤 1：启动磁盘碎片整理程序

单击"控制面板"→"系统和安全"→"管理工具"→"对硬盘进行碎片整理"，选择盘符，进行整理，如图 2-44 所示。

步骤 2：分析卷

单击"分析"按钮，对卷进行分析。分析后弹出对话框会告诉用户该卷中碎片文件和文件夹的百分比，以及建议是否进行碎片整理，如图 2-45 所示。

图 2-44　启动碎片整理程序

图 2-45　分析结果

步骤 3：整理碎片

要继续整理碎片，可单击图 2-44 中的"碎片整理"按钮，执行碎片整理程序。

2.2.11　使用任务管理器

任务要求：在 Windows 7 系统下同时按下 Ctrl、Alt、Del 键可以调出任务管理器，通过任务管理器可以很方便地对程序进行管理，可以开启程序或关闭程序，了解 CPU、内存的使用情况等。

步骤 1：打开任务管理器

按下 Ctrl+Alt+Del 组合键打开任务管理器，但如果计算机中了病毒，有可能无法通过 Ctrl+Alt+Del 组合键方式打开任务管理器。也可以选择"开始"→"运行"，然后在"运行"框中输入"taskmgr"，单击"确定"按钮启动任务管理器。

步骤 2：关闭进程

单击任务管理器上的"进程"标签，图 2-46 显示了所有正在运行的进程。选中"qq.exe"进程，单击"结束进程"按钮，结束 QQ 程序的运行。

步骤 3：开启进程

在"Windows 任务管理器"主菜中单击"文件"→"新建任务运行"，打开如图 2-47 所示对话框，输入 Powerpnt 程序文件的路径及程序文件名称"C:\Program Files\Microsoft Office\Office11\POWERPNT.EXE"。单击"确定"按钮，开启 Powerpnt 进程，即启动 Powerpnt。

步骤 4：显示计算机状态

打开任务管理器，单击"性能"标签，如图 2-48 所示。

CPU 使用率：表明当前 CPU 的使用情况，CPU 使用 100%表示 CPU 在满负荷工作。

CPU 使用记录：绘出 CPU 使用情况的历史曲线。

图 2-46 Windows 进程管理

图 2-47 开启进程

物理内存：表示可用的内存大小，即计算机上安装的物理内存的大小。
核心内存：操作系统核心和设备驱动程序所使用的内存。

2.2.12 创建及修改账户

任务要求：Windows 支持多用户操作，各用户之间的操作可以互不影响。不同的用户具有不同的名称和密码，输入错误的密码将不能进入 Windows 7。

步骤 1：创建新账户
① 右击"开始"→"控制面板"→"用户账户和家庭安全"→"用户账户"选项。
② 单击"管理其他账户"，进入用户账户管理窗口，如图 2-49 所示。

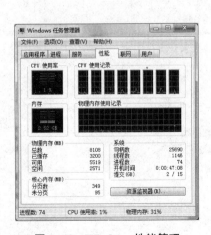

图 2-48 Windows 性能管理

图 2-49 用户账户管理

③ 单击"创建一个新账户"，在打开的对话框中输入账户名称，如图 2-50 所示，单击"创建账户"，创建新用户，如图 2-51 所示。

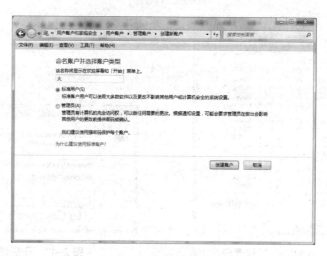

图 2-50　设置新用户名

图 2-51　新用户

步骤 2：修改账户

① 单击"大"用户，进入用户账户更改窗口，如图 2-52 所示。

图 2-52　修改新账户

② 单击"更改名称"为用户更改新的名称，改名为"半夏"。
③ 单击"创建密码"为用户创建密码，密码为"123"。
④ 单击"更改图片"为用户更改显示图片。
⑤ 单击"更改账户类型"修改用户类型，可选择"计算机管理员"和"受限"。

2.2.13 使用 Windows 7 画图工具绘制海上日出

任务要求：使用 Windows 自带的画图工具箱中的画笔、点、线框及橡皮擦、喷枪、刷子等一系列工具，具有完成一些常见图片编辑的基本功能。如海上日出：在深蓝色海面与浅蓝色天空交界处，一轮红日正冉冉升起，天空中飘着几朵白云，一群海鸥在欢快地飞行，几只白色的帆船悠闲地荡漾在静静的海面上。效果如图 2-53 所示。

图 2-53 大海

步骤 1：制作背景

启动"开始"→"程序"→"附件"里的"画图"程序，新建文档，单击主菜单"图像"→"属性"，设置画布为 800×600 像素，如图 2-54 所示。用鼠标左键单击颜料盒中的深蓝色，使它作为前景色，然后用鼠标右键单击颜料盒中的浅蓝色，使其作为背景色。选择工具箱中的直线工具，在画布中间靠上的地方，按 Shift 键拖出一条直线（拉到画布的两端），作为蓝天和大海的分界线，点选颜料填充工具 与矩形工具 ，在分界线下面按左键填上前景色，在分界线上面按右键填上背景色，如图 2-55 所示。

图 2-54 设置画布大小

图 2-55 制作背景色

步骤 2：绘制太阳

用鼠标左键单击颜料盒中的红色，选择椭圆工具，同时选中最下面的无边框样式，在海面与天空的分界线上，按住 Shift 键画一个正圆。初升的太阳，应该只露出半个，用选取工具将不显示的部分框选，按 Del 键将其删除，如图 2-56 所示。

步骤 3：绘制白云

用鼠标左键点选白色，用椭圆工具在蓝天上面画一些白色的椭圆作为白云，注意分布要均匀，如图 2-57 所示。

步骤 4：绘制海鸥

将前景色改为黑色，选择曲线工具，选中中间较粗的线条样式，在白云下面画两条短的曲线，组合成海鸥的两只翅膀，再用刷子工具在两只翅膀下画一短线，即可画出海鸥，将其复制若干个，均匀粘贴到画布的各个角落，并适当修改大小，如图 2-57 所示。

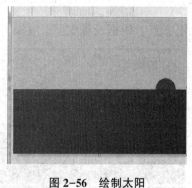
图 2-56 绘制太阳

图 2-57 云朵与海鸥

步骤 5：绘制帆船

选择曲线工具，选中较粗的线条样式，在海面上先画一条曲线作为船板，在船板上画好船帆并填上白色，再复制两个就可以了，完成后的作品如图 2-53 所示。

步骤 6：保存

单击"文件"→"另存为"，在打开的对话框里选择保存类型，如图 2-58 所示。可以是 JPG、GIF、BMP 等文件。其中 BMP 是画图工具生成的源文件。

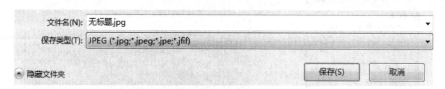
图 2-58 保存文件

2.2.14 指法练习与文字录入

任务要求：使用金山打字通软件进行指法练习，英文录入达到 150 字符/min，汉字录入达到 40 字/min。并能完成教材指定文章的录入，达到正确率 100%。

步骤 1：安装金山打字通软件

金山打字通是金山公司推出的系列教育软件，主要由金山打字通和金山打字游戏两部分构成，是一款功能齐全、数据丰富、界面友好、集打字练习和测试于一体的打字软件。金山打字通 2013 官方免费下载于 2012 年发布，并对用户完全免费。图 2-59 所示为金山打字通的安装向导，只要按照向导的指示单击"下一步"按钮便可完成安装。

步骤 2：认识键盘

键盘分为主键盘区、功能键区、控制键区、数字键区和状态指示区五个区，如图 2-60 所示。主键盘有 8 个基准键，分别是 A、S、D、F、J、K、L、；。

图 2-59 金山打字通的安装界面

图 2-60 键盘分区

数字键区一般用于输入大量数字和运算符。在数字键区，NumLock 键用于控制 NumLock 指示灯，该指示灯亮起时，数字键区才可以输入数字。数字键区的基准键是 4、5、6。

步骤 3：英文录入测试

英文录入的基本要求一是准确、二是快速，在保证准确的前提下，速度要求是：初学者为 100 个字符/min，150 个字符/min 为及格，200 个字符/min 为良好，250 个字符/min 为优秀。图 2-61 所示为金山打字通英文录入测试窗口。

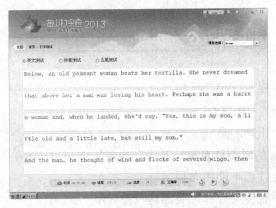

图 2-61 金山打字通英文录入测试窗口

步骤4：中文录入测试

Windows 操作系统装入时就已经安装了一些默认的汉字输入法，如：微软拼音输入法、智能 ABC 输入法、全拼输入法等，另外，还可以在网上下载五笔输入法，如五笔加加输入法、搜狗五笔输入法等进行安装与使用，使用 Ctrl+Shift 组合键可以在已安装的输入法之间进行切换。

中文的录入速度，初学者应达到 40 个字/min，达到 80 个字/min 为优秀。图 2-62 所示为金山打字通中文录入测试窗口。

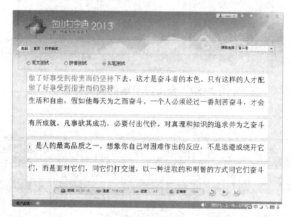

图 2-62　金山打字通中文录入测试窗口

指法练习：要求在 5 min 内完成以下内容的录入，正确率达到 100%。

巧克力键盘，最佳拍档

联想 s6000 虽然是一款平板电脑，但是它的操作模式却几乎等同于一台超级本电脑。它配备专业的巧克力键盘，让你的 s6000 一秒变身超级本。无论是办公还是娱乐，都能为你带来更完整的操作体验。

试一试将 s6000 与巧克力键盘连接起来。轻巧可爱的键盘能在三毫秒之内迅速连接 s6000 超薄机身，迅速变身超级本，轻松上网、快速编辑、打字聊天、安卓游戏，更加便捷轻松。利用键盘还可以方便地使用各种快捷操作，调整屏幕亮度、调整音量、设置播放/暂停等。按下键盘右上角的 Home 按键后，文档迅速转换到阅读首行；按下 End 按键后，文档又被迅速切换到文档结尾。比起手指缩放调节，更加准确快捷。

一、选择题

1. 下列 4 种软件中属于应用软件的是（　　）。
   A. 财务管理系统　　　B. DOS　　　　　　C. Windows 7　　　　　D. Windows 2000
2. 下列 4 种说法中正确的是（　　）。
   A. 安装了 Windows 的微型计算机，其内存容量不能超过 4 MB
   B. Windows 中的文件名不能用大写字母
   C. Windows 操作系统传染计算机病毒是一种程序
   D. 安装 Windows 的计算机，硬盘常常安装在主机箱内，因此是一种内存储器

3. 下列不是汉字输入码的是（　　）。
   A. 国标码　　　　　　B. 五笔字型　　　　　C. ASCII 码　　　　　D. 双拼
4. 下列关于 Windows 的叙述中，错误的是（　　）。
   A. 删除应用程序快捷图标时，会连同其所对应的程序文件一同删除
   B. 在"资源管理器"窗口中，右键单击任何一个硬盘图标，弹出的是相同菜单
   C. 在"资源管理器"窗口删除目录时，可将此目录下所有文件及子目录一同删除
   D. 应用 Windows "文档驱动"功能，双击某类扩展名文件可启动相关应用程序
5. 在 Windows 中文输入方式下，反复按（　　）组合键可在几种输入方式之间切换。
   A. Ctrl+Alt　　　　　B. Ctrl+Shift　　　　C. Shift+Space　　　D. Ctrl+Space
6. 下面 4 个工具中，（　　）属于多媒体制作软件工具。
   A. Photoshop　　　　B. Furworks　　　　　C. PhotoDraw　　　　D. Authorware
7. 下面程序中，（　　）属于三维动画制作软件工具。
   A. 3DS MAX　　　　　B. Firworks　　　　　C. Photoshop　　　　D. Auhorware
8. 下面程序中，（　　）不属于音频播放软件工具。
   A. Window Media Player　　　　　　　　　B. GoldWave
   C. QuickTime　　　　　　　　　　　　　　D. ACDSee
9. 下面的多媒体软件工具中，由 Windows 自带的是（　　）。
   A. Media Player　　 B. GoldWave　　　　　C. Winamp　　　　　　D. RealPlayer
10. 下面的图形图像文件格式中，（　　）可实现动画。
    A. WMF 格式　　　　 B. GIF 格式　　　　　C. BMP 格式　　　　　D. JPG 格式
11. 下面格式中，（　　）是音频文件格式。
    A. WAV 格式　　　　 B. JPG 格式　　　　　C. DAT 格式　　　　　D. MIC 格式
12. 下面各项中，（　　）不是常用的多媒体信息压缩标准。
    A. JPEG 标准　　　　B. MP3 压缩　　　　　C. LWZ 压缩　　　　　D. MPEG 标准
13. 需要改变任务栏上时间显示形式，应该双击控制面板窗口的（　　）图标。
    A. 显示　　　　　　　B. 区域　　　　　　　C. 日期/时间　　　　 D. 系统
14. 使用与某一现有文档相同的文件名保存文档时，（　　）。
    A. 将出现一条消息，询问是否用新文档替换现有文档
    B. 将使用不同的版本号保存每个文档的复制
    C. 将出现一条消息，建议使用不同的文件名保存新文档
    D. 希望保存的文档将自动替换现有文档
15. 在试图保存文件时，出现一则警告，提示磁盘空间不足，无法保存文件时，应该(　　)。
    A. 以其他文件名保存文件　　　　　　　　B. 重新启动计算机
    C. 将文件保存成不同的文件类型　　　　　D. 执行磁盘清理
16. 已通过更改屏幕分辨率来增加桌面的大小，但屏幕现在变形了，导致此问题的原因可能是（　　）。
    A. 没有将颜色设置更改为支持该分辨率　　B. 需要升级操作系统（OS）
    C. 桌面主题与该分辨率不兼容　　　　　　D. 显示器或显卡不支持该分辨率

17. 计算机位于公司的网络中，想要安装一个软件升级程序，但却无法完成安装，导致安装失败的原因可能是（　　）。

　　A. 安装前没有重新启动计算机　　　　B. 没有安装软件的管理权限

　　C. 软件程序尚未注册　　　　　　　　D. 计算机无法识别正在安装的程序

18. 下列关于中文 Windows 7 文件名的说法中，不正确的是（　　）。

　　A. 文件名可以用汉字　　　　　　　　B. 文件名可以用空格

　　C. 文件名最长可达 25 个字符　　　　D. 文件名最长可达 255 个字符

19. 在 Windows 资源管理器中，用鼠标选定多个不连续文件，正确的操作是（　　）。

　　A. 单击每一个要选定的文件

　　B. 单击第一个文件，再按 Shift 键不放，单击每个要选定的文件

　　C. 单击第一个文件，再按 Ctrl 键不放，单击每个要选定的文件

　　D. 单击第一个文件，再按 Ctrl 键不放，双击每个要选定的文件

二、操作题

1. 把 C 盘的页面文件大小（虚拟内存）自定义为最小值 1 024 MB，最大值 2 048 MB。

2. 设置回收站的工作方式，将回收站属性设置为不启用"显示删除确认对话框"复选框，并指定回收站在 C:和 D:驱动器上所占用空间的百分比为 15%，在 E:和 F:驱动器上所占用空间的百分比为 10%。

3. 设置"开始"菜单显示方式为小图标，并将文档列表清除；在任务栏上添加"快速启动"栏。

4. 在 E 盘建立一个如图所示的文件夹树 ，将"销售"文件夹复制到文件夹"日志"下，将"进货"文件夹删除，定义"日志"文件夹为只读属性。

5. 从当前界面开始，利用"控制面板"的分类视图，将已经存在于"开始"菜单中的"收藏夹菜单"和"图片收藏"文件夹从"开始"菜单中删除，不允许进行题目要求之外的任何修改。

6. 用"开始"菜单打开"写字板"和"屏幕键盘"，设置屏幕键盘为"增加型键盘"，和"常用布局"，字型为"粗体"。利用屏幕键盘在写字板窗口输入"She is in Beijing"，关闭屏幕键盘，将该文件保存到 D 盘根目录下，文件名为"屏幕键盘的使用.doc"。

7. 利用"开始"菜单打开"放大镜"，做如下设置：将"放大镜倍数"改为 4，在"跟踪"中选择"显示放大镜"。然后将"任务栏"和"开始"菜单属性对话框的"分组相似任务栏"按钮放大。

8. 利用"外观和主题"窗口创建"桌面主题"，使屏幕保护程序为"飞跃星空"，流星个数为 50，桌面外观为"橄榄绿"。设置完成后，将该主题保存在"我的文档"文件夹，文件名为"My desktopF.theme"。

9. 在"控制面板"分类视图的环境下进行设置，使 Windows 防火墙启用，但允许文件和打印机共享。

10. 利用性能和维护窗口，设置本机安全管理策略中的密码策略，启用密码必须符合复杂性要求和密码长度最小值为 6 个字符。

文字处理 Word 2010

文字处理软件 Word 2010 是 Microsoft 公司开发的办公自动化软件 Office 2010 中的一个重要成员,其具有强大的文字处理、表格处理、图文混排等功能。Word 文档中可以插入图形、图片、表格等多种信息,实现图文混排的排版效果。Word 2010 广泛应用于各种报刊、杂志、书籍、毕业论文等文档的文字录入、修改和排版工作。本章通过对 Word 2010 的全面学习,要求学生系统掌握 Word 2010 的文档建立、打开、保存,文本的选定、插入、复制、删除、替换,以及 Word 排版、艺术字等实践操作技能。

3.1 Word 2010 基础知识

3.1.1 Word 2010 的启动、退出与工作界面

1. Word 2010 的启动

安装好 Microsoft Office 2010 套装软件后,可以用下列方法启动 Word 2010:

① 利用"开始"菜单启动。单击"开始"按钮,执行"所有程序"→"Microsoft Office"→"Microsoft Office Word 2010"命令。

② 使用 Word 2010 快捷方式。如果桌面上有 Word 2010 的快捷方式图标 ,只需双击快捷方式图标即可。

2. Word 2010 的退出

退出 Word 2010 表示结束 Word 程序的运行,这时系统会关闭所有已打开的 Word 文档,如果文档在此之前做了修改而未存盘,则系统会出现提示对话框,提示用户是否对所修改的文档进行存盘。可以使用下列 5 种方法之一实现关闭 Word 应用程序窗口:

① 选择"文件"选项卡→"退出"命令。
② 快捷键 Alt+F4。
③ 单击标题栏右侧的关闭按钮 。
④ 双击标题栏左侧的控制菜单图标 。
⑤ 单击窗口控制菜单图标或右击标题栏,弹出窗口控制菜单,选择"关闭"命令。

3. Word 2010 的工作界面

Word 2010 操作窗口由上至下主要由标题栏、快速访问工具栏、功能区、文档编辑区和状态栏视图切换按钮、显示比例、导航窗格等部分组成，程序启动后，出现如图 3-1 所示的窗口界面。

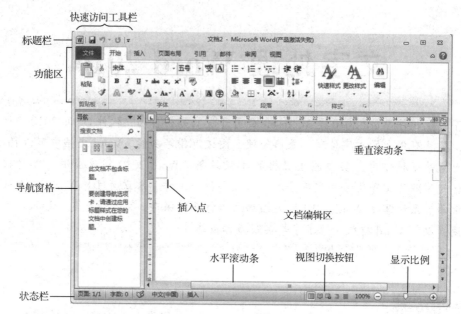

图 3-1　Word 2010 窗口的组成

（1）标题栏

标题栏是 Word 窗口中最上端的一栏。标题栏最左端的■称为"控制菜单"图标，单击它（或右击标题栏的空白区）可以打开窗口控制菜单，如图 3-2 所示。标题栏中部显示的是当前文档的文件名和应用程序名，如"文档1"是文件名，"Microsoft Word"是应用程序名。标题栏最右端是 Word 窗口的三个控制按钮：最小化■、最大化■（或还原■）和关闭按钮■。

（2）快速访问工具栏

默认情况下，快速访问工具栏位于标题栏上控制菜单图标■的右侧，包括"保存"按钮■、"撤销"按钮■、"恢复"按钮■。不仅如此，单击"自定义快速访问工具栏"按钮■，在如图 3-3 所示的"自定义快速访问工具栏"列表中，可以将其他命令按钮添加到快速访问工具栏上，也可以选择"在功能区下方显示"来更改该工具栏的位置。

（3）功能区

功能区位于标题栏下方，由选项卡、组、命令选项三部分组成。功能区替代了 Office 2003 及以前版本的菜单栏和工具栏。用户可以单击选项卡标签切换到相应的选项卡中，然后单击相应组中的命令按钮完成所需的操作。当单击窗口右上角的"功能区最小化"按钮■时，功能区最小化为仅显示选项卡的名称。在每个组的右下角有一个对话框启动器按钮■，单击该按钮可以打开一个相应组的对话框。

"开始"选项卡：包括剪贴板、字体、段落、样式和编辑几个分组。该选项卡主要用于帮助用户对 Word 2010 文档进行文字编辑和格式设置，是用户最常用的功能区。

"插入"选项卡：包括页、表格、插图、链接、页眉和页脚、文本和符号几个分组。主要用于在 Word 2010 文档中插入各种元素，是实现图文混排的重要工具。

图 3-2　窗口控制菜单　　图 3-3　自定义快速访问工具栏

"页面布局"选项卡：包括主题、页面设置、稿纸、页面背景、段落、排列几个分组。主要用于帮助用户设置 Word 2010 文档页面样式。

"引用"选项卡：包括目录、脚注、引文与书目、题注、索引和引文目录几个组，用于实现在 Word 2010 文档中插入目录、插入索引等比较高级的功能。

"邮件"选项卡：包括创建、开始邮件合并、编写和插入域、预览结果和完成几个组，专门用于在 Word 2010 文档中进行邮件合并方面的操作。

"审阅"选项卡：包括校对、语言、中文简繁转换、批注、修订、更改、比较和保护几个组。适用于多人协作处理 Word 2010 长文档时对文档进行校对和修订等操作。

"视图"选项卡：包括文档视图、显示、显示比例、窗口和宏几个组，主要用于帮助用户设置 Word 2010 操作窗口的视图类型、显示方式，以方便操作。

注意：窗口界面的"功能区"可以通"文件"选项卡 → "选项"命令，在弹出的"Word 选项"对话框"自定义功能区"选项卡中自定义设置。

（4）文档编辑区

文档编辑区是 Word 2010 窗口中文档的工作区域，是文本录入和排版的区域。光标闪烁的位置称为"插入点"，在插入点位置可以进行输入、编辑、图文混排、表格编辑等多种操作。在文档编辑区，当文档的内容不能全部显示时，就会在右侧或底部出现垂直和水平滚动条，拖动水平或垂直滚动条可以浏览文档的全部内容。

（5）导航窗格

导航窗格位于 Word 2010 窗口的左侧，如图 3-1 所示，在搜索框中输入文字可以从文档中找到相应的文字内容。单击导航窗格左上角的  按钮，可以浏览文档各级标题。

（6）状态栏

状态栏位于 Word 2010 窗口的底部，它显示了当前的文档信息。如文档当前页号、总页数、文档总字数，以及校对、语言、插入/改写模式等信息。

（7）视图切换按钮

视图是查看、显示、编辑文档的方式。根据文档的操作需求不同，可以选用不同的视图。虽然文档在不同的视图下显示不同，但是文档的内容不变。Word 2010 中有 5 种视图：页面视图、阅读版式视图、Web 版式视图、大纲视图、草稿。这 5 种视图的区别及适用场合见表 3-1。

表 3-1　Word 2010 的 5 种视图

视图名称	说　　明
页面视图	一种"所见即所得"的文档显示方式，显示的文档样式与打印出来的效果一致。主要用于文档的版面设计，可以设置页眉和页脚、分栏、首字下沉、页边距等
阅读版式视图	以最大的空间阅读或批注文档，在阅读版式视图方式中把整篇文档分屏显示，以增加文档的可读性。可以单击"视图选项"按钮设置相应内容；可以按 Esc 键退出此视图模式
Web 版式视图	常用于简单的网页制作。在此视图下，Word 能优化 Web 页面，使其外观与在 Web 发布时的外观一致，是以网页形式显示文档的外观的
大纲视图	适合于显示、编辑文档的大纲结构。选择"视图"选项卡，在"文档视图"组中单击"大纲视图"按钮，显示大纲形式的文档；使用"升级""降级"按钮可实现各级标题与文本的升、降级处理
草稿	适合录入、编辑文本或只需简单文档格式时使用，可以完成大多数的文本输入和编辑工作。不能显示分栏、页眉和页脚、首字下沉等效果，是最节省计算机系统硬件资源的视图方式。在这种视图下可以看到各种分隔符，可以把分隔符当成普通字符一样删除

（8）显示比例

在 Word 2010 窗口的右下角有设置文档显示比例的滑块，可以单击缩小、放大按钮调整显示比例，也可以拖动滑块调整文档的显示比例。

3.1.2　文档的创建与编辑

1. 新建文档

用户可以新建多种类型的 Word 文档。新建方法有如下几种：

① 选择"文件"选项卡，单击"新建"命令打开面板，选择文档类型，单击"创建"按钮建立空白文档，如图 3-4 所示。

图 3-4　新建空白文档

② 在 Word 中按快捷键 Ctrl+N，可以直接使用快捷键建立空白文档。

③ 在当前位置空白处单击右键，选择弹出菜单中的"新建"→"Microsoft Word 文档"命令，建立一个缺省模板的空白 Word 文档。

④ Word 提供了许多文档模板，用户可以根据自己的需要选择相应模板，轻松地创建相应类型的文档。

【例 3-1】 利用 Word 2010 的模板创建"新闻稿"。

操作方法：选择"文件"选项卡→"新建"→"样本模板"→"黑领结新闻稿"→"创建"，如图 3-5 所示。

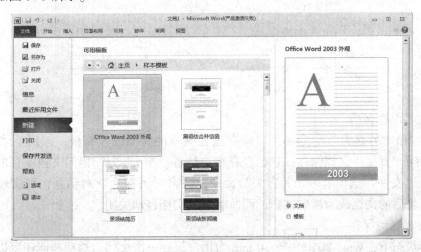

图 3-5 样本模板

2．保存及保护文档

保存文档是指将 Word 编辑完成的文档以磁盘文件的形式存储到磁盘上，以便将来能够再次对文件进行编辑、打印等操作。如果要将文字或格式再次用于创建其他的文档，则可将文档保存为 Word 模板。

（1）保存新文档

保存文件最重要的就是确定好三项内容：保存位置、文件名、保存类型。默认的保存类型为"Word 文档"，扩展名默认为 .docx，允许保存为网页文件或文本文档等类型；如果允许文档在 Word 2003 等较低的 Office 版本中打开，则保存时保存类型选择"Word 97-2003 文档"。新文档的保存，可以使用下列 4 种方法：

① 单击"快速访问工具栏"上的"保存"按钮。

② 选择"文件"选项卡→"保存"命令。

③ 按快捷键 Ctrl+S。

④ 选择"文件"选项卡→"另存为"命令。

文件第一次保存，上述所有方法都会弹出"另存为"对话框，如图 3-6 所示。

（2）现名保存文档

若文档不是第一次保存，单击"保存"按钮，或选择"文件"选项卡的"保存"命令，都能对当前文档所做的修改以原文件名保存，不会弹出"另存为"对话框。

图 3-6 "另存为"对话框

(3) 换名保存文档

"保存"和"另存为"命令都可以保存正在编辑的文档或者模板。区别是"保存"命令不进行询问,直接将文档保存在它已经存在的位置;"另存为"提问文档保存的位置及文件名。选择"文件"选项卡→"另存为"命令,弹出"另存为"对话框,可实现文档的换名保存,换名后的文档成为当前文档,而原名字的文档自动关闭。

(4) 设置自动保存

在默认状态下,Word 2010 每隔 10 min 为用户保存一次文档。这项功能还可以有效地避免因停电、死机等意外事故而使编辑的文档丢失。选择"文件"选项卡→"选项"命令,可在"保存"选项卡中设置"自动保存时间间隔",单击"确定"按钮完成设置。

(5) 保护文档

有时用户需要为文档设置必要的保护措施,以防止重要的文档被轻易打开。Word 2010 对文档的保护措施有 3 种:设置以只读方式打开、设置修改权限密码、设置打开权限密码。保护文档的 3 种措施见表 3-2。

表 3-2 保护文档的 3 种措施

保 护 文 档	说　　明
打开文件时需要密码	打开文档时,只有正确输入打开密码,才能打开文档
修改文件时需要密码	打开文档时,要求输入修改密码,若正确,则打开并允许修改;否则,单击"只读"按钮,以只读方式打开文档,但无法保存修改结果
以只读方式打开文档	文档只能以只读方式打开,无法保存修改结果

【例 3-2】 为名为"新闻稿"的文档设置打开密码"abc"。

① 打开要设置修改密码的文档"新闻稿"。

② 选择"文件"选项卡→"另存为"命令,弹出"另存为"对话框,单击对话框底部的"工具"下拉按钮,弹出如图 3-7 所示的"工具"列表。

③ 选择"常规选项",弹出"常规选项"对话框,如图 3-8 所示。

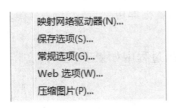
图 3-7 "工具"列表

图 3-8 "常规选项"对话框

④ 在"打开文件时的密码"文本框中,输入"abc",单击"确定"按钮,弹出"确认密码"对话框,如图 3-9 所示。再次输入"abc",单击"确定"按钮。

⑤ 关闭"新闻稿",完成打开密码的设置。当再次打开"新闻稿"时,弹出"密码"对话框,如图 3-10 所示。输入"abc",单击"确定"按钮才能打开该文档并允许继续编辑。

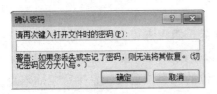
图 3-9 "确认密码"对话框

图 3-10 "密码"对话框

(6) 打开文档

利用"打开文档"操作可以浏览与编辑已存盘的文档内容,打开文档的方法有如下几种:

① 启动 Word 2010 后打开文档。启动 Word 2010 后,选择"文件"选项卡→"打开"命令,或者使用快捷键 Ctrl+O,弹出如图 3-11 所示的"打开"对话框。利用左侧导航窗格选择文档所在的位置,此时"打开"对话框中会显示出该位置的所有内容,选择要打开的文档即可打开。

图 3-11 "打开"对话框

②不启动 Word 2010，双击文件名直接打开文档。对所有已保存在磁盘上的 Word 2010 文档（存盘时文件后缀名为.doc 的文件），用户可以直接找到所需要的文档，然后用鼠标双击该文档名，便可以启动 Word 2010。

③快速打开最近使用过的文档。在 Word 2010 中默认会显示 20 个最近打开或编辑过的 Word 文档，用户可以通过打开"文件"选项卡里的"最近所用文件"面板，在面板右侧的"最近使用的文档"列表中单击准备打开的 Word 文档名称即可。

（7）多文档切换

在 Word 中可以同时打开多个文档，在文档编辑的过程中如果要在当前文档和其他文档之间进行切换，可通过下列方式实现：

①单击任务栏上的相应按钮。

②选择"视图"选项卡→"切换窗口"命令，在列表中选择需要切换到的文档名。

③按 Ctrl+F6 或 Alt+Esc 组合键切换到所需文档。

④按住 Alt 键，再反复按 Tab 键，当切换到所需文档名时，同时释放两个按键。

3．文档的输入

使用一个文字处理软件的最基本操作就是输入文本，并对它们进行必要的编辑操作，以保证所输入的文本内容与用户所要求的文稿相一致。

（1）定位插入点

文字开始输入的位置就是插入点所在的位置。插入点就是光标在文档编辑区中呈"I"形并不断闪烁的位置。插入点的重新定位，可以使用下列方法：

①在已经输入文本的区域内，单击所需定位的文字位置处，直接定位插入点。

②对于文档中的空白区域，如需输入文本内容，则可以通过启用"即点即输"功能，在空白区域中双击鼠标左键，立即将"插入点"定位到此位置。

③键盘方式实现插入点定位，各个键功能见表 3-3。

表 3-3 键盘操作功能表

键盘名称	光标移动情况	键盘名称	光标移动情况
↑	上移一行	Ctrl+↑	光标到了当前段落或上一段的开始位置
↓	下移一行	Ctrl+↓	光标移到下一个段落的首行首字前面
←	左移一个字符或一个汉字	Ctrl+←	光标向左移动了一个词的距离
→	右移一个字符或一个汉字	Ctrl+→	光标向右移动了一个词的距离
Home	移到行首	Ctrl+Home	光标移到文档的开始位置
End	移到行尾	Ctrl+End	光标移到文档的结束位置
PageUp	上移一页	Ctrl+PageUp	光标移到当前页或上一页的首行首字前面
PageDown	下移一页	Ctrl+PageDown	光标移到下页的首行首字前面

在 Word 文档中进行文字的输入，需要明确输入文字的位置，关注文字的输入状态，遵守一定的原则，见表 3-4。

表 3-4 输入文字时的一般原则

原　　则	解　决　方　法
段落首行不加空格	选择"开始"选项卡→"段落"组→对话框启动器 ，弹出"段落"对话框，在"缩进和间距"选项卡下的"特殊格式"列表框中选择"首行缩进"，在"磅值"处输入"2 字符"，实现段落的首行缩进
标题文字前不加空格	选择"开始"选项卡→"段落"组→"居中"按钮，实现标题居中
行尾处不按 Enter 键	文字到达每行的最右侧时会自动换行，插入点移至下一行的行首
另起一段	每按一次 Enter 键，生成一个新段落，段落尾以"↵"作为段落标记

在文档插入点位置进行文本的输入，要时刻关注状态栏上的"插入"或改写"标识"。插入表示键入的文本将录入到插入点处，原有文本将右移；而改写状态则表示键入的文本将覆盖现有内容，可以通过按键盘上的 Insert 键或直接用鼠标双击状态栏中的标识实现两种标识的相互转换。另外，不管在哪一种输入状态下，如果在选定文字后输入文字，那么输入的文字就替代选定的文字。

（2）插入符号或特殊符号

通常情况下，文档中除了包含字母、汉字和标点符号外，还要包括一些特殊符号，如 ☆、☏、∞、☞ 等。普通键盘上的字符个数有限，这时可以使用 Word 提供的插入符号或特殊字符的功能。在 Word 2010 文档窗口中，用户可以通过"符号"对话框插入任意字体的任意字符和特殊符号，操作步骤如下：

① 确定插入位置，切换到"插入"功能区，在"符号"分组中单击"符号"按钮。

② 在打开的符号面板中可以看到一些最常用的符号，单击所需要的符号即可将其插入。若需插入其他符号，单击"其他符号"按钮，打开如图 3-12（a）所示的对话框。

③ 在"符号"选项卡中单击"子集"右侧的下拉三角按钮，在打开的下拉列表中选中合适的子集（如"箭头"），然后在符号表格中单击选中需要的符号，单击"插入"按钮即可。若需插入特殊符号，在"符号"对话框中选择"特殊字符"选项卡，在如图 3-12（b）所示的对话框中选择。

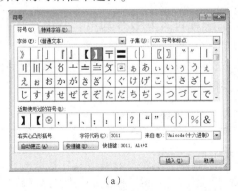

（a）　　　　　　　　　　　　　　　　　（b）

图 3-12　插入符号

(a)"符号"选项卡；(b)"特殊字符"选项卡

（3）插入换行符与分段符

换行符：Word 2010 在进行文字输入时，如果到达页面边界处，会自动换行。如果需要提前换行,可以使用 Shift+Enter 键进行换行,此时上行内容与下行内容仍然属于同一段文字,沿用相同的段落格式。

分段符:分段是通过按 Enter 键来实现的,表示开始新的一段。

分段符和分页符的标记是不同的,向下箭头标记为换行符,向左箭头标记为分段符。使用分段符和分页符的效果如图 3-13 所示。

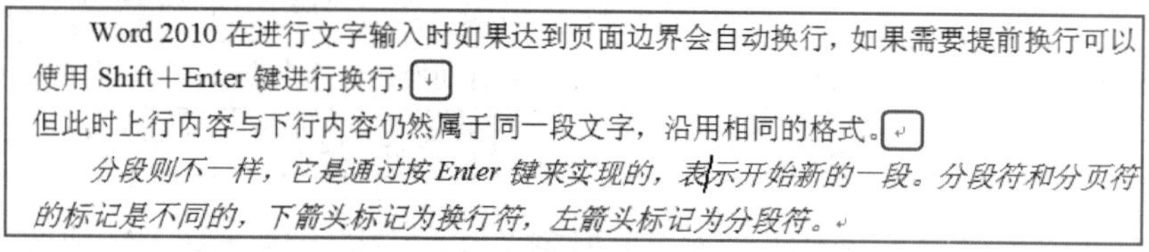

> Word 2010 在进行文字输入时如果达到页面边界会自动换行,如果需要提前换行可以使用 Shift+Enter 键进行换行,↓
> 但此时上行内容与下行内容仍然属于同一段文字,沿用相同的格式。↵
> 分段则不一样,它是通过按 Enter 键来实现的,表示开始新的一段。分段符和分页符的标记是不同的,下箭头标记为换行符,左箭头标记为分段符。↵

图 3-13 分段符与换行符效果图

4. 文档的编辑

Word 文档的编辑操作包括文本的选定、复制、移动、删除、查找、替换等。

(1)文本的选定

选取文本的方法较多,根据不同的需求选择不同的文本选取方法,以便快速操作。

① 单词的选取。用鼠标左键双击要选择的单词

② 行的选取。把光标移动到行的左边,光标就变成一个斜向右上方的箭头"⇗",单击鼠标左键即可选中该行。在开始行的左边单击选中该行,按住 Shift 键,在结束行的右边单击,可以选中多行。

③ 段的选取。单段选取:在一段中的任意位置三击鼠标左键,选定整个段落。或将光标移到某段的左部位置,使光标变成斜向右上方的箭头,双击左键,选取整个段落。多段选取:在段落左边的选定区双击选中第一个段落,然后按住 Shift 键,在最后一个段落中的任意位置单击,可以选中多个段落。

④ 全文的选取。使用快捷键 Ctrl+A 选取全文。或者切换到"开始"功能区,在"编辑"分组中单击"选择"→"全选"命令来选取全文。

5. 文本的移动和复制

文本的"移动"是将所选的文本从一个位置(源位置)转移到另一个位置(目标位置)。文本的"复制"是将所选的文本复制到另一个位置,源位置和目标位置都有一份内容相同的文本。移动和复制文本的方法基本相同,先在源位置选定要操作的文本,然后按照如表 3-5 所示的方法,将所选文本转移或复制到目标位置。

表 3-5 文本的移动和复制方法

操作方式	文本的移动	文本的复制
功能区	选择"开始"选项卡→"剪贴板"组→"剪切";定位目标位置;选择"开始"选项卡→"剪贴板"组→"粘贴"	选择"开始"选项卡→"剪贴板"组→"复制";定位目标位置;选择"开始"选项卡→"剪贴板"组→"粘贴"
快捷菜单	右击,在弹出的快捷菜单中选择"剪切",定位目标位置,右击,选择"粘贴"	右击,在弹出的快捷菜单中选择"复制",定位目标位置,右击,选择"粘贴"

续表

操作方式	文本的移动	文本的复制
键盘方式	按快捷键 Ctrl+X,定位目标位置,按快捷键 Ctrl+V	按快捷键 Ctrl+C,定位目标位置,按快捷键 Ctrl+V
鼠标方式	源位置和目标位置同时可见时,拖动所选文本到目标位置	源位置和目标位置同时可见时,按住 Ctrl 键,拖动所选文本到目标位置

6. 文本的删除

删除文本,可以按 Delete 键或 Backspace 键。

① 用 Delete 键删除。按 Delete 键的作用是删除插入点后面的字符,它通常只是在删除的文字不多时使用,如果要删除多个字符,可以先选定文本,再按 Delete 键进行删除。

② 用 Backspace 键删除。按 Backspace 键的作用是删除插入点前面的字符。

7. 撤销与恢复

在文档的编辑排版过程中,误操作是难免的,因此撤销和恢复之前的操作就非常必要。利用 Word 2010 快速访问工具栏中的"撤销"与"恢复"按钮可轻松地做到。因此,即使进行了误操作,只需单击快速访问工具栏中的"撤销"按钮,就能恢复到误操作之前的状态。

撤销的实现方法如下。

① 单击快速访问工具栏的"撤销"按钮 ,可以撤销前一操作,如果单击该按钮右边的下三角按钮,可以撤销到某一指定的操作。

② 按 Ctrl+Z 组合键可以撤销前一个操作,反复按 Ctrl+Z 组合键可以撤销前面多个操作,直到无法撤销为止。

③ 当进行了撤销操作后,又想使用所撤销的操作,可以使用恢复(重复)操作。

恢复操作的实现方法是:

① 单击快速访问工具栏上的"恢复"按钮 ,可以恢复前一操作,如果单击该按钮右边的下三角按钮,可以打开"恢复"下拉列表框,从中选择恢复到某一指定的操作。

② 按 Ctrl+Y 组合键一次可以恢复前一操作,反复按 Ctrl+Y 组合键可以恢复前面的多个操作,直到无法恢复。

8. 查找与替换

利用 Word 2010 提供的查找功能,用户可以在 Word 2010 文档中快速查找特定的字符,实现文本的快速、精确定位。替换是将文档中指定文本用另一文本替代的过程,替换的功能是先查找指定的文字串,再替换成新的文字串,实现文本内容的高效、快速修改。

【例 3-3】 查找文档中所有的"文档"字符。

方法 1:操作步骤如下:

选择"开始"选项卡→"编辑"组→"查找",或按快捷键 Ctrl+F,窗口左侧弹出"导航"任务窗格,如图 3-14 所示。在搜索框中输入要查找的文本内容"文档",文档中所有的"文档"字样突出显示。单击"导航"窗格中某个匹配项,文档编辑区中显示的是该项对应的正文内容。匹配文本反向显示。也可以单击"下一处搜索结果"按钮 (或"上一处搜索结果"按钮)依次搜索。

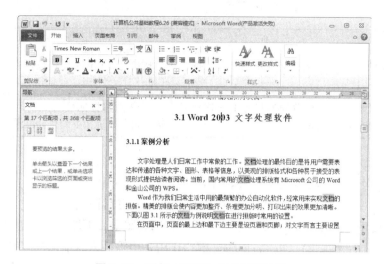

图 3-14　利用"导航"任务窗格查找

方法 2：操作步骤如下：

① 选择"开始"选项卡→"编辑"组→"查找"下拉按钮→"高级查找"命令，弹出"查找和替换"对话框，如图 3-15 所示。

图 3-15　"查找和替换"对话框"查找"选项卡

② 在"查找内容"文本框中输入要查找的文本"文档"，单击"查找下一处"按钮，插入点后第一个"文档"被查找到；反复单击"查找下一处"按钮，可以连续找到下一个"文档"，直至找到所有的查找文本。单击"更多"按钮，可以设置搜索选项、查找带格式的文本，实现复杂条件的高级查找。

【例 3-4】　将文档中所有的"计算机"修改为"Computer"。

① 选择"开始"选项卡→"编辑"组→"替换"，或按快捷键 Ctrl+H，弹出"查找和替换"对话框，此时"替换"为当前选项卡。

② 在"查找内容"文本框中输入"计算机"，在"替换为"文本框中输入"Computer"，如图 3-16 所示。

图 3-16　"查找和替换"对话框"替换"选项卡

③ 单击"全部替换"按钮，将文档中所有的"计算机"替换成"Computer"。单击"更多"按钮，可以设置搜索选项、查找带格式的文本，实现复杂条件的高级替换。

3.2 文档版面设计

3.2.1 字符格式化

字符格式的设置决定了字符在屏幕上显示或打印输出的形式，包括字体、字号、颜色及各种效果，还包括字符间距等内容。

1. 利用"字体"组设置

在"开始"选项卡"字体"组中，集合了一些常用的设置字符格式的命令选项，如图 3-17 所示，利用这些命令选项，可以很容易地设置各种字符格式。

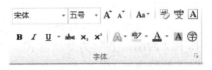

图 3-17 "字体"组

2. 利用"字体"对话框设置

使用"字体"组格式化字符可以设置一些简单的字符格式。复杂的设置可以在"开始"选项卡下单击"字体"组对话框启动器，弹出如图 3-18 所示的"字体"对话框，可以对字符进行格式设置。在图 3-19 所示的"高级"选项卡下可以设置字符缩放比例、字符间距、字符位置等。

图 3-18 "字体"对话框

图 3-19 "高级"选项卡

"字体"选项卡：可以设置中文字体、西文字体、字形、字号、颜色、着重号等，还可选中复选框设置上下标、空心字、阴影等。设置效果在"预览"框中显示。

"高级"选项卡：

"字符间距"选项：设置相邻字符的间距、字符缩放比例（水平方向缩小或放大）和字符位置等，可以得到如图 3-20 所示的字符缩放效果。

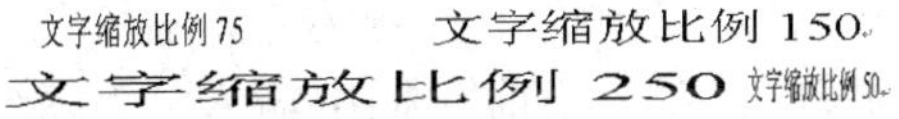

图 3-20 字符的缩放效果

"文字效果"选项：进行文本颜色填充、文本边框、阴影、发光等外观效果的设置。

3.2.2 段落格式化

段落的格式化是指在一个给定的范围内对内容进行排版,使整个段落显得更美观大方、更符合规范。设置段落格式时,若只针对某一个段落,直接将插入点置于该段落中即可;若同时设置多个段落的格式,则要选定这些段落。

1. 段落格式

段落格式包括段落的对齐、段落的缩进、段落中各行之间的距离、段与段之间的距离等。在"开始"功能区下单击"段落"组的对话框启动器 ,弹出"段落"对话框,可以设置对齐方式、段落缩进、行间距、段落间距等格式。

(1)段落对齐方式

段落对齐方式有五种,即"左对齐""居中""右对齐""两端对齐"和"分散对齐"。其中"两端对齐"为默认方式,除最后一行左对齐外,其他行能够自动调整词与词间的宽度,使每行正文两边在左右页边距处对齐。

(2)段落缩进

段落的缩进是指控制段落中的文本到正文区左、右边界的距离。Word 共提供了 4 种不同的缩进方式:左缩进、右缩进、首行缩进和悬挂缩进,各缩进标志如图 3-21 所示。使用鼠标拖动标尺上的缩进标记可以设置段落的缩进,如果需要比较精确地定位各缩进的位置,可以按住 Alt 键后再拖动标记,这样就可以平滑地拖动各标记位置。

图 3-21 缩进标志

(3)行间距

行间距指段落中行与行之间的垂直距离。用户可以将选中内容的行距设置为固定的某个值(如 15 磅),也可以是当前行高的倍数。默认情况下,Word 文档的行距使用"单倍行距",用户可以根据需要设置行距。

【例 3-5】将正文内容设置为左对齐,左、右缩进各 2 厘米,首行缩进 2 字符,段前间距 20 磅,段后 1 行,行距为固定值 20 磅。

操作步骤如下:

① 选定要设置格式的段落。

② 选择"开始"选项卡→"段落"组→对话框启动器 ,弹出"段落"对话框,如图 3-22 所示。

③ 在"对齐方式"列表中,选择"左对齐";在"缩进"一栏的"左侧"框中输入"2 字符",在"右侧"框中输入"2 字符";在"段前"框中输入"20 磅",在"段后"框中选择"1 行";在"特殊格式"列表中选择"首行缩进",在其右侧"磅值"中输入"2 字符";在"行距"列表中,选择"固定值",在其右侧"设置值"中选择"20 磅",单击"确定"

图 3-22 "段落"对话框

按钮。

2. 利用"段落"组设置格式

利用"段落"组中的命令选项，可以设置对齐方式、行距、段落间距等段落格式。

（1）对齐方式的设置

对齐方式按钮在图 3-23 所示的"段落"组中共有 5 个，从左到右依次是文本左对齐、居中、右对齐、两端对齐、分散对齐。先选择要设置对齐方式的段落，再单击对应按钮即可。

（2）行距的设置

选择"段落"组中"行和段落间距"按钮，弹出如图 3-24 所示的下拉列表，可以选择 1.0、1.15、1.5、2、2.5、3 进行相应行距的设置；如果选择"行距选项"命令，则进入"段落"对话框设置行距的值。

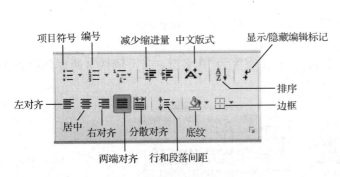

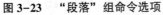

图 3-23　"段落"组命令选项　　　　图 3-24　"行和段落间距"下拉列表

3.2.3　特殊格式设置

在对 Word 文档进行排版的过程中，为了满足文档的美观和版面的需要，还常常用到首字下沉、分栏、设置项目符号和编号等排版技术。

1. 首字下沉的设置

首字下沉就是将段落开头的第一个或若干个字母、文字放大显示，从而使版面更美观、突出，更能吸引读者的注意。被设置的文字以独立文本框的形式存在。

【例 3-6】　将文档第 2 段设为首字下沉 3 行效果，字体为楷体，距正文 0.1 厘米。

操作步骤如下：

① 将插入点定位在文档的第 2 段。

② 选择"插入"选项卡→"文本"组→"首字下沉"按钮，弹出"首字下沉"下拉列表，如图 3-25 所示，选择"首字下沉选项"命令，弹出如图 3-26 所示"首字下沉"对话框。

③ 在"位置"中选择"下沉"，在"下沉行数"文本框中输入 3，在"字体"中选择"楷体"，在"距正文"文本框中输入"0.1 厘米"，最后单击"确定"按钮。

2. 分栏的设置

分栏是一些报纸、杂志上经常使用的排版技术，是在一个页面上将文本纵向分为两个或两个以上的部分来显示，使版面活泼生动。分栏效果在页面视图模式下显示，所以切换到页面视图模式，根据具体要求设置栏数和栏间的距离。

图 3-25 "首字下沉"下拉列表　　图 3-26 "首字下沉"对话框

【例 3-7】 将文档前 3 段分成两栏，栏 1 宽度为 10 字符，带分隔线，两栏间距为 2 字符，效果如图 3-27 所示。

图 3-27 设置分栏的文档

操作步骤如下：

① 将要分栏的文本第 1、2、3 段选定。

② 选择"页面布局"选项卡→"页面设置"组→"分栏"按钮，弹出"分栏"下拉列表，如图 3-28 所示，选择"更多分栏"，弹出"分栏"对话框，如图 3-29 所示。

③ 在"预设"一栏中单击"左"，在栏 1 后边的宽度中输入"10 字符"；在"间距"文本框中输入"2 字符"；选择"分隔线"复选框，最后单击"确定"按钮。

删除分栏的方法是重复执行分栏设定中的操作方法，在如图 3-29 所示的对话框中，选取"预设"下的"一栏"后单击"确定"按钮，可取消分栏。

3. 项目符号和编号的设置

项目符号常用于需要强调的段落前，各项目之间无前后顺序之分。编号用于标识文档中各要点的前后顺序，还可以设置编号的格式。

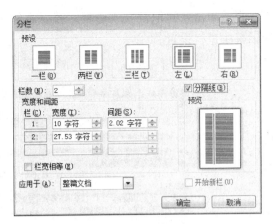

图 3-28 "分栏"下拉列表　　　　　图 3-29 "分栏"对话框

（1）添加项目符号与编号

选择要添加项目符号与编号的段落，在"开始"选项卡下的"段落"组中，单击"项目符号"下拉按钮，在列表中选择项目符号，为段落添加项目符号；单击"项目编号"下拉按钮，在列表中选择项目编号，为段落添加项目编号。

（2）定义新编号格式与定义项目符号

单击"项目编号"下拉三角按钮，在打开的下拉列表中选择"定义新编号格式"选项，打开"定义新编号格式"对话框，如图 3-30 所示，可完成新编号的定义；单击"项目符号"下拉按钮，在打开的下拉列表中选择"定义新项目符号"选项，打开"定义新项目符号"对话框，如图 3-31 所示，可完成新项目符号的定义。

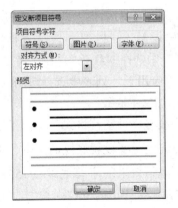

图 3-30 "定义新编号格式"对话框　　　图 3-31 "定义新项目符号"对话框

4．边框和底纹的设置

为了突出文档中某些文本、段落、表格、单元格的打印效果，使其更加醒目，可以为文本添加边框或底纹。还可以为整页或整篇文档添加线形边框或艺术型边框，美化文档。边框、底纹的设置效果如图 3-32 所示。

（1）添加文本边框

选定文本，单击"字体"组中的"字符边框"按钮，则添加默认的"黑色、细实线"边框，再次单击 A 可取消文本边框。若要添加其他效果的文本边框，需要在"边框和底纹"对话框中进行设置。

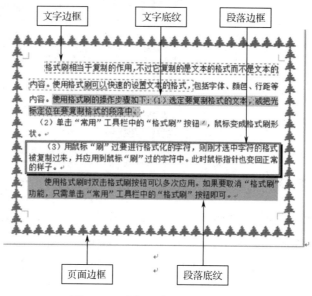

图 3-32　边框、底纹的设置效果

【例 3-8】　为图 3-32 中的第 1 段所选文字添加红色、1.5 磅、虚线、方框。

操作步骤如下。

① 选定第 1 段要设置边框的文本。

② 选择"开始"选项卡→"段落"组→"边框"下拉按钮 →"边框和底纹"，弹出"边框和底纹"对话框，如图 3-33 所示。

③ 在"设置"一栏中选择"方框"；在"样式"列表中选择虚线"－－－－"，在"颜色"列表中选择"红色"，在"宽度"列表中选择"1.5 磅"。

④ 在"应用于"列表中选择应用的范围为"文字"；最后单击"确定"按钮。

（2）添加文本底纹

文本底纹是一种字符格式，指位于字符下方的填充色、图案样式等文本显示效果。设置文本底纹首先选定要设置底纹的文本，单击"字体"组中的"字符底纹"按钮 A，在文字下方添加了默认效果的字符底纹（15%的图案样式）；也可单击"段落"组中的"底纹" 下拉按钮，在弹出的下拉列表中选择字符底纹填充色；要添加更多效果的字符底纹，可以在"边框和底纹"对话框中进行设置。

【例 3-9】　将第一段文字设置橙色、5%图案样式的底纹。

选定文本，选择"开始"选项卡→"段落"组→"边框" 下拉按钮→"边框和底纹"命令，弹出"边框和底纹"对话框，选择"底纹"选项卡。

在"填充"列表中选择"橙色"，在图案"样式"列表中选择"5%"，在"应用于"列表中选择"文字"，如图 3-34 所示，最后单击"确定"按钮。

（3）添加页面边框

将插入点置于文档任意位置，打开"边框和底纹"对话框，单击"页面边框"选项卡。

"页面边框"选项卡与"边框"选项卡类似，只是增加了"艺术型"下拉列表，供用户选择艺术型边框。

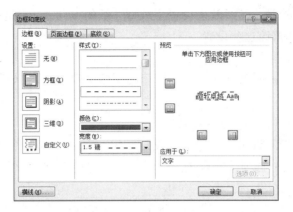

图3-33 "边框"选项卡

图3-34 "底纹"选项卡

5. 文字方向

单击"页面布局"选项卡→"页面设置"组→"文字方向"按钮，弹出"文字方向"下拉列表，在列表中选择相应的文字方向；或者选择"文字方向选项"，在弹出的如图3-35所示对话框进行设置。

6. 中文版式

在进行文档排版时，有些格式是中文特有的，称为"中文版式"。常用的中文版式包括拼音指南、带圈字符等。选择"开始"选项卡的"段落"组中的对话框启动器，弹出"段落"对话框，在"中文版式"选项卡中进行设置，也可在"字体"组中选择相应的按钮进行设置。

图3-35 "文字方向"对话框

拼音指南：对中文文字加注拼音，如：长春科技学院。

带圈字符：对中文设置更多样的边框，如：长春科技学院。

3.2.4 页面格式化

Word 在建立新文档时，已经默认设置了纸型、纸的方向、页边距等页面属性，用户可以根据具体工作的需要修改这些设置。

1. 页面设置

【例 3-10】 设置文档纸张大小 B5；上、下页边距均为 2.5 厘米；左、右页边距为 3 厘米，纸张方向横向。

方法 1：操作步骤如下。

① 选择"页面布局"选项卡→"页面设置"组→对话框启动器，弹出"页面设置"对话框，单击"页边距"选项卡，设置上、下、左、右页边距；选择纸张方向为"横向"，如图 3-36 所示。

② 单击"纸张"选项卡，如图 3-37 所示，在"纸张大小"列表中选择"B5"。单击"确定"按钮完成设置。

图 3-36　"页边距"选项卡

图 3-37　"纸张"选项卡

方法 2：操作步骤如下。

① 在"页面布局"选项卡的"页面设置"组中，如图 3-38 所示，单击"页边距"列表，选择"自定义边距"，弹出"页面设置"对话框，设置上、下、左、右页边距。

图 3-38　"页面设置"组

② 在"纸张方向"列表中选择"横向"。

③ 单击"纸张大小"按钮，在其列表中选择"B5"。

2. 背景设置

新建 Word 文档的背景都是白色的，用户可通过"页面布局"功能区的"页面背景"分组中的按钮，对文档进行水印、页面颜色和页面边框背景的设置。

(1) 页面背景设置

选择"页面布局"功能区，在"页面背景"分组中单击"页面颜色"按钮，在出现的面板中设置页面背景。

设置页面颜色：单击选择所需页面颜色，如果颜色不符合要求，可单击"其他颜色"，选取其他颜色；在"页面颜色"下拉列表中选择"无颜色"命令可删除页面颜色。

设置填充效果：单击"填充效果"按钮，弹出如图 3-39 所示的"填充效果"对话框，可添加渐变、纹理、图案或图片作为页面背景。

(2) 设置水印

水印用来在文档文本的下面打印出文字或图形。在"页面背景"组中单击"水印"按钮，在出现的面板中选择"自定义水印"命令，弹出如图 3-40 所示的"水印"对话框。选择"文字水印"单选按钮，然后在对应的选项中完成相关信息输入，单击"确定"按钮。选中"图片水印"单选项按钮，然后单击"选择图片"按钮，浏览并选择所需的图片，单击"插入"按钮，单击"确定"按钮。选择"无水印"单选项按钮，删除文档页上创建的水印。

图 3-39 "填充效果"对话框

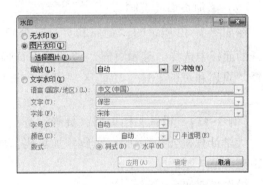
图 3-40 "水印"对话框

3. 文档分页与分节

一般情况下，系统会根据纸张大小自动对文档分页，但是用户也可以根据需要对文档进行强制分页。除此之外，用户还可以将文档划分成若干节。通过在 Word 2010 文档中插入分隔符，将 Word 文档分成多个部分。这样划分有利于在同一篇文档中设置不同的页边距、页眉页脚、纸张大小等。分隔符分为"分节符"和"分页符"两种。

将光标定位到准备插入分隔符的位置。在"页面布局"选项卡的"页面设置"分组中，单击"分隔符"按钮，打开"分隔符"列表，如图 3-41 所示。在打开的分隔符列表中，选择合适的分隔符即可。

4. 设置页眉和页脚

在制作专业文档的时候，经常会使用页眉和页脚。可以在页眉和页脚中插入页码、日期、公司徽标、文档标题、文件名、作者名等文字或图形。页眉和页脚只在页面视图或打印预览视图中可见。

(1) 添加页码

切换到"插入"功能区,在如图 3-42 所示的"页眉和页脚"分组中,单击"页码"按钮,选择所需的页码位置,然后滚动浏览库中的选项,单击所需的页码格式即可。

图 3-41 "分隔符"列表

图 3-42 "页眉和页脚"分组

(2) 添加页眉或页脚

在如图 3-42 所示的"页眉和页脚"分组中,单击"页眉"或"页脚"按钮,在打开的面板中选择"编辑页眉"或"编辑页脚"按钮,定位到文档中的位置。完成设置后,选择"页眉和页脚工具"功能区"设计"选项卡,单击"关闭页眉和页脚"可返回文档正文。

【例 3-11】 设置文档页眉、页脚,奇数页页眉内容为"文字处理软件",偶数页页眉为"大学计算机公共基础";页脚添加页码,居中对齐;页眉顶端距离为 1.7 厘米;页脚底端距离为 1.7 厘米。

操作步骤如下。

① 选择"插入"选项卡→"页面和页脚"组→"页眉"按钮,单击"编辑页眉"命令,打开"页眉和页脚工具"选项卡,在"选项"组中选中"奇偶页不同"复选框,如图 3-43 所示。

图 3-43 页眉和页脚工具

② 设置奇数页页眉内容为"文字处理软件",切换到偶数页,设置偶数页页眉为"大学计算机公共基础";在"页眉顶端距离"框中输入"1.7 厘米";在"页脚底端距离"框中输入"1.7 厘米"。

③ 单击"转至页脚"按钮，切换到页脚位置，单击插入"对齐方式"选项卡，打开如图 3-44 所示"对齐制表位"对话框，选择"居中"选项。

④ 选择"页码"→"当前位置"→"普通数字"，插入页码。

若要删除页眉页脚，只需双击页眉、页脚或页码，然后选择要删除的页眉、页脚或页码，再按 Delete 键即可。

5. 使用样式和模板格式化文档

（1）使用样式

图 3-44 "对齐制表位"对话框

样式就是指一组已经命名的字符格式或者段落格式。使用样式不但可以快速地完成段落、字符及各级标题格式的编排，而且当修改了某个样式后，可以迅速地将修改后的格式应用到设置了此样式的文本上。样式分为"段落样式"和"字符样式"两种。

段落样式：以集合形式命名并保存的具有字符和段落格式特征的组合。段落样式控制段落外观的所有方面，如文本对齐、制表位、行间距、边框等，也可能包括字符格式。

字符样式：影响段落内选定文字的外观，例如文字的字体、字号、加粗及倾斜的格式设置等。即使某段落已整体应用了某种段落样式，该段中的字符仍可以有自己的样式。

在文本中应用某种内置样式，操作步骤如下：

① 将光标置于需要应用样式的段落中或选中要应用样式的文本。

② 在图 3-45 所示"样式"任务框中，单击样式名即可将该样式的格式集一次应用到选定段落或文本上。或者选择"开始"选项卡的"样式"组的对话框启动器，将弹出如图 3-46 所示的"样式"任务框。列表框中列出了可选的样式，有段落样式、字符样式、表格样式及列表样式，单击需要的样式即可应用该样式。

图 3-45 "样式"任务框（1）　　　　图 3-46 "样式"任务框（2）

注意：样式名后带 a 符号的表示是"字符样式"，带 ↵ 符号的表示是段落样式。

（2）样式管理

若需要段落样式包含一些特殊格式，而现有样式中又没有设置，用户可以新建段落样式或通过修改现有样式实现。

【例3-12】 新建一个名为"新样式"的段落样式,文字格式为楷体、小四、居中对齐。

操作步骤如下。

选择"开始"选项卡的"样式"组的对话框启动器,在如图3-46所示"样式"任务框中,单击"新建样式"按钮,弹出如图3-47所示的"创建新样式"对话框。在"名称"框中输入"新样式",在"样式类型"框中选择"段落",在"格式"选项中设置楷体、小四、居中对齐。最后单击"确定"按钮即可创建一个新的样式。

如果新样式的格式要求比较复杂,可以单击对话框左下角的"格式"按钮进行详细设置。对样式列表中的样式进行修改,需要在如图3-46所示的"样式"任务框中右键单击样式列表中显示的样式,选择"修改样式"按钮,弹出如图3-48所示的"修改样式"对话框,可进行样式的修改。

图3-47 "创建新样式"对话框

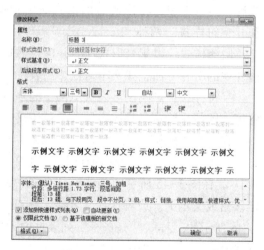

图3-48 "修改样式"对话框

(3) 文档模板

任何Microsoft Word文档都以模板为基础。模板决定文档的基本结构和文档设置。模板有两种基本类型:共用模板和文档模板。共用模板包括Normal模板,所含设置适用于所有文档。除了通用型的空白文档模板,Word 2010中还内置了多种文档模板,如博客文章模板、书法字帖模板等。借助这些模板,用户可以创建比较专业的Word 2010文档。

【例3-13】 新建一个关于教材样式的模板,名为"教材模板"。

操作步骤如下。

① 新建一个文档,输入一个目录,分别对文章、节(1.1)、小节(1.1.1)应用样式标题1、标题2、标题3,再分别修改这几个样式。

② 选择"文件"→"另存为"命令,在"另存为"对话框中选择文件类型为"文档模板",文件名为"教材模板"。

(4) 修改模板

模板通常存放文件夹Templates中。

修改模板的步骤是:

① 单击"文件"→"打开"命令，在 Templates 文件夹中找到并打开要修改的模板。

② 更改模板中的文本、图形、样式、格式等，单击"保存"按钮。

③ 更改模板后，并不影响基于此模板的已有文档的内容。只有在选中"自动更新文档样式"复选框的情况下，打开已有文档时，Word 才更新修改过的样式。

【例 3-14】 实战演练——简单文档排版。利用 Word 实现简单文档排版，完成如图 3-49 所示的效果。

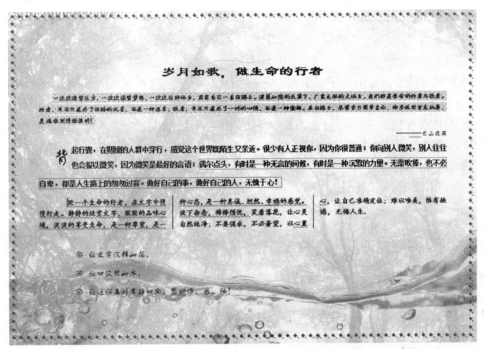

图 3-49 文档排版样式

任务要求：

① 设置页边距：左、上为 3 厘米，纸型：B5，方向：横向。

② 为文字添加边框和底纹。

③ 设置首字下沉和分栏效果。

④ 为文档添加页面边框。

⑤ 设置页面背景。

操作步骤：

① 启动 Word，新建一个空白文档，将文字内容输入，并将其保存在磁盘中。

② 选择"页面布局"选项卡→"页面设置"组→"页边距"→"自定义边距"，弹出"页面设置"对话框，设置上：3 厘米，左：3 厘米；在"纸张方向"列表中选择"横向"；单击"纸张大小"按钮，在其列表中选择"B5"。

③ 选中标题，设置字体："隶书"，字号："小一"，加粗，居中。

④ 选中第一段文字，选择"开始"选项卡→"段落"组→"边框"下拉按钮→"边框和底纹"→"底纹"，在"填充"列表中选择"水绿色：强调文字颜色 5，单色 60%"，在图案"样式"列表中选择"5%"，在"应用于"列表中选择"文字"。

⑤ 选中第二段的相应文字,选择"开始"选项卡→"段落"组→"边框" 下拉按钮→"边框和底纹"→"边框"选项卡,边框:方框,颜色:橙色,宽度:0.5磅,在"应用于"列表中选择"文字"。选择"页面边框"→"艺术型",设置页面边框。

⑥ 设置首字下沉效果。选择"插入"选项卡→"文本"组→"首字下沉"→"首字下沉选项"命令。设置位置:下沉,下沉行数:2,字体:方正舒体,最后单击"确定"按钮。

⑦ 设置分栏效果。选中文字,选择"页面布局"选项卡→"页面设置"组→"分栏"→"更多分栏",在"预设"一栏中单击"3栏",选择"分隔线"复选框,单击"确定"按钮。

⑧ 设置项目符号。选中文字,单击"项目编号"下拉三角按钮→"定义新编号格式"→"符号"→"字体"→"wingdings",选择符号。

⑨ 设置页面背景。选择"页面布局"选项卡→"页面背景"组→"页面颜色"→"填充效果"→"图片",将合适的图片设为背景。

⑩ 调整文字,保存文件。

3.3 非文本对象的插入与编辑

Word 不仅提供文字排版,还具有图形、图片、艺术字、公式、文本框等各种非文本对象的处理能力。图文混排是 Word 的特色功能之一。

3.3.1 图片

1. 插入图片文件和剪贴画

Word 文档中的图片主要有 2 个来源:来自文件的图片,来自剪辑库的剪贴画。利用"插入图片"对话框,可以将以文件形式存放在计算机中的图片插入 Word 文档中。剪贴画是用各种图片和素材剪贴合成的图片,通常用来制作海报或作为文档的小插图。Word 剪辑库中有许多精美的动物、植物、人物、风景等各类剪贴画。

【例 3-15】 将"图片库"中的"图片 1.jpg"插入文档的指定位置。

操作步骤如下。

① 打开文档,将插入点定位到要插入图片的位置。

② 选择"插入"选项卡→"插图"组→"图片"按钮,弹出"插入图片"对话框,如图 3-50 所示。

③ 在导航窗格或地址栏中选择图片文件所在位置,默认位置为"图片库"。

④ 选择要插入的图片"图片 1.jpg",单击"插入"按钮,或者双击该图片文件完成插入。

【例 3-16】 在文档中插入一幅剪贴画。

操作步骤如下。

① 将插入点定位于文档中要插入剪贴画的位置。

② 选择"插入"选项卡→"插图"组→"剪贴画"按钮,弹出如图 3-51 所示的"剪

贴画"任务窗格。

③ 单击"搜索"按钮，在搜索结果列表中选择所需的剪贴画。

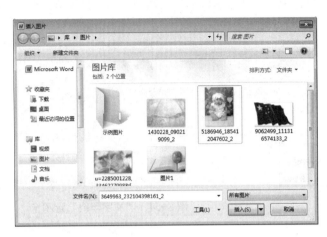

图 3-50　"插入图片"对话框

图 3-51　"剪贴画"任务窗格

2. 选定及删除图片

要对图片进行编辑，首先需要选定图片。单击要操作的图片，图片周围出现 8 个控制点，此时图片被选定。选定多个图片的方法是：按住 Shift 键，依次单击每个图片。选定图片后，窗口功能区增加了一项"图片工具"，如图 3-52 所示。删除图片时，需选定要删除的图片，直接按 Delete 键。

图 3-52　"图片工具"中的"格式"选项卡

3. 图片的编辑

（1）改变图片的大小

① 鼠标拖动方式。选定图片，鼠标指针移到图片周边的控制点上，当鼠标指针形状变为  时，拖动鼠标可以调整图片的大小。

② 利用"大小"组选项。选定图片，在如图 3-56 所示的"大小"组中，分别在"高度"和"宽度"设置框中输入图片的高度和宽度值来设置图片的大小。

③ 利用"布局"对话框。选择"图片工具"中的"格式"选项卡→"大小"组→对话框启动器，或右击图片，在快捷菜单中选择"大小和位置"，弹出如图 3-53 所示的"布局"对话框，在"大小"选项卡中设置图片的高度和宽度，还可以等比例调整宽和高。

（2）设置图片的文字环绕方式

图片的文字环绕方式，是指图片与周围文字的位置关系。图片的默认环绕方式为"嵌入型"。非嵌入型环绕方式有四周型、紧密型、穿越型、上下型、衬于文字下方和浮于文字上方。设置文字环绕方式的方法有以下两种：

① 在"布局"对话框中，单击"文字环绕"选项卡，如图 3-54 所示，在"环绕方式"一栏中选择所需的环绕方式。

图 3-53 "布局"对话框

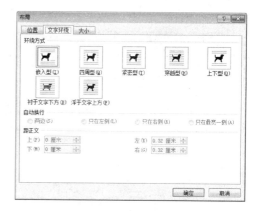

图 3-54 "文字环绕"选项卡

② 选择"图片工具"中的"格式"选项卡→"排列"组→"自动换行" 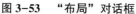按钮，在打开的列表中设置。

（3）图片的样式设置

图片的样式包括图片的边框颜色、边框形状、阴影等效果。插入图片后，可以通过选择"图片工具"的"格式"选项卡→"样式"组，在"图片样式"列表中选择合适样式，也可以自定义设置。

① 图片边框：图片的边框效果是指对图片设置轮廓线条颜色及线型。选中图片后，单击"图片边框"按钮，在弹出的列表中选择相应的颜色、粗细和线型。

② 图片效果：图片效果主要设置图片的阴影、发光、三维旋转等。选中图片，单击"图片效果"按钮，弹出"图片效果"列表，如图 3-55 所示。选择"柔化边缘"→"50磅"即可实现如图 3-56 所示的类似于边缘羽化的效果。

图 3-55 "图片效果"列表

图 3-56 "柔化边缘"效果

（4）图片的色彩调整

图片的编辑除了传统的操作以外，Word 2010 还可以实现删除背景、修改图片的亮度、对比度、颜色、增加艺术效果等功能。双击图片，选择"图片工具"中的"格式"选项卡的"调整"组的相关按钮进行调整。

① 更改亮度、对比度。如果感觉插入的图片亮度、对比度、清晰度没有达到自己的要求，单击"更正"按钮，弹出如图 3-57 所示的"亮度和对比度"列表，选择相应的效果缩略图，调节图片的亮度、对比度和清晰度。

② 更改颜色饱和度、色调。如果图片的颜色饱和度、色调不符合自己的要求，可以单击"颜色"按钮，弹出如图 3-58 所示"颜色饱和度，色调"列表，在效果缩略图中根据需要选择合适的效果，调节图片的色彩饱和度、色调，或者为图片重新着色。

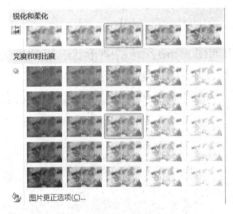

图 3-57　"亮度和对比度"列表

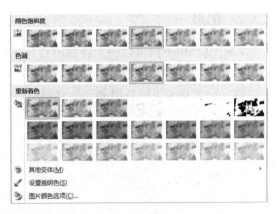

图 3-58　"颜色饱和度，色调"列表

③ 设置"艺术效果"。在 Word 2010 文档中，用户可以为图片设置艺术效果，这些艺术效果包括铅笔素描、影印、图样等多种。如果要为图片添加特殊效果，可以单击"艺术效果"按钮，在弹出的效果缩略图中选择一种艺术效果，为图片加上特效，如图 3-59 所示。

④ 删除背景。利用"删除背景"按钮，还可以删除图片的背景。

【例 3-17】　利用"删除背景"功能，删除图片的背景完成如图 3-60 所示效果。

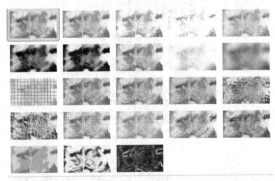

图 3-59　"艺术效果"列表

图 3-60　"删除背景"效果图

操作步骤如下。

① 选中已经插入 Word 2010 编辑窗口的图片，单击"删除背景"按钮，Word 2010 会对图片进行智能分析，并以红色遮住照片背景；矩形框内的为保留的部分，可以通过调整矩形框上的控制点改变保留范围。

② 如果发现背景有误遮，可以通过"图片工具"的"背景消除"选项卡中的"标记要保留的区域"或"标记要删除的区域"工具手工标记调整要保留的范围，如图 3-61 所示。

图 3-61　"背景消除"选项卡

设置准备无误后，单击"保留更改"按钮，即可去除图片背景。

3.3.2　图形

Word 文档中不仅可以插入各种图片，还可以利用如图 3-62 所示的"形状"下拉列表绘制文本框、线条、矩形、基本图片、箭头等各种图形。绘制图形后，可利用"图片工具"中"格式"选项卡下的各组命令，或利用如图 3-63 所示的"设置图片格式"对话框，设置图形的各种格式。

图 3-62　"形状"下拉列表

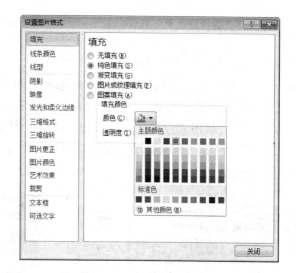

图 3-63　"设置图片格式"对话框

1. 绘制图形

切换到"插入"功能区，在"插图"分组中单击"形状"按钮，在如图 3-62 所示的"形状"面板中选择线条、基本形状、流程图、箭头总汇、星与旗帜、标注等图形，然后在绘图起始位置按住鼠标左键，拖动至结束位置就能完成所选图形的绘制。

2. 添加文字

绘制的各种形状，只要是封闭的图形，都可以在图形中添加文字。操作方法是：右击要添加文字的图形，在弹出的快捷菜单中选择"添加文字"选项，此时插入点将出现在图形内部，可在插入点位置输入文字。

3. 图形格式设置

如果需要进行形状填充、形状轮廓、颜色设置、阴影效果、三维效果、旋转和排列等基本操作，在如图3-64所示的"绘图工具"的"格式"选项卡中选择相应功能按钮来实现。

图3-64 "绘图工具"中的"格式"选项卡

（1）形状填充

选择要设置形状填充的图形，选择"绘图工具/格式"功能区的"形状填充"按钮，出现如图3-65所示面板。

① 选择设置单色填充，可选择面板已有的颜色，或单击"其他填充颜色"，选择其他颜色。

② 选择设置图片填充，单击"图片"选项，出现"打开"对话框，选择一幅图片作为填充图片。

③ 选择设置渐变填充，单击"渐变"选项，弹出如图3-66所示面板，选择一种渐变样式即可。也可单击"其他渐变"选项，出现如图3-67所示的"设置形状格式"对话框，选择相关参数设置其他渐变效果。

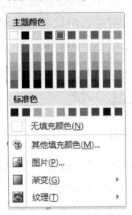
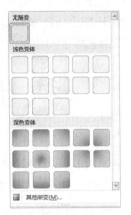

图3-65 "形状填充"面板　　图3-66 "形状填充样式"面板

（2）形状轮廓

选择要设置形状轮廓的图形，单击"绘图工具/格式"功能区的"形状轮廓"按钮，在出现的面板中可以设置轮廓线的线型、大小和颜色。

（3）形状效果

选择要设置形状效果的图形，单击"绘图工具/格式"功能区的"形状效果"按钮，出现如图所示 3-68 面板。选择一种形状效果，选择一种预设样式即可。

图 3-67 "设置形状格式"对话框

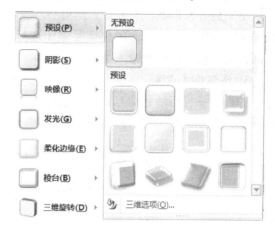

图 3-68 "形状效果"面板

(4) 应用内置样式

选择要进行形状填充的图片，切换到"绘图工具/格式"功能区，在"形状样式"分组选择一种内置样式，即可将其应用到图形上。

(5) 设置图形的叠放次序

两个或两个以上的图形叠放在一起时，最新绘制的图形默认在其他图形的上面。调整图形的叠放次序的方法是：右键单击要调整次序的图形，在弹出的快捷菜单中选择设置相应的叠放次序。

4. 艺术字

在编辑文档时，为了使标题更加醒目、活泼，可以应用 Word 提供的艺术字功能来绘制特殊的文字，如图 3-69 所示。Word 中的艺术字是图形对象，所以可以像对待图形那样来编辑艺术字，也可以给艺术字加边框、底纹、纹理、填充颜色、阴影和三维效果等。

我的中国梦

图 3-69 "艺术字"实例

若需对艺术字的内容、边框效果、填充效果等进行修改或设置，可选中艺术字，在如图 3-70 所示的"绘图工具/格式"功能区中单击相关按钮完成设置。

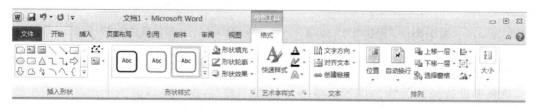

图 3-70 "绘图工具/格式"功能区

【例 3-18】 插入如图 3-69 所示的艺术字，应用样式 1，填充预设颜色"碧海青天"，设置线条颜色为"深蓝",三维旋转效果。

操作步骤如下。

① 选择"插入"选项卡→"文本"组→"艺术字"下拉按钮,弹出艺术字样式下拉列表,如图 3-71 所示,选择第 1 个样式。

② 将内容为"请在此放置您的文字"的艺术字插入文档中,输入文字"我的中国梦"。设置字体为楷体,字号为小初。

③ 选定艺术字,选择"绘图工具"→"格式"选项卡→"艺术字样式"组→对话框启动器 ,弹出"设置形状格式"对话框,如图 3-72 所示,选择"填充"选项→"渐变填充"单选按钮→"预设颜色"下拉按钮→"碧海青天",单击"关闭"按钮。

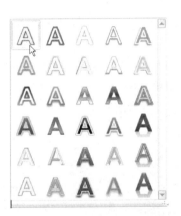

图 3-71 艺术字样式下拉列表

图 3-72 "设置形状格式"对话框

④ 选定艺术字,选择"绘图工具"→"格式"选项卡→"艺术字样式"组,在样式列表中选择"填充-蓝色,强调文字颜色 1,塑料棱台,映像"。

3.3.3 文本框

在进行图文混排时,有时需要将文本对象置于页面的任意位置,或在一篇文档中使用两种文字方向,用户可以通过使用文本框的功能来实现。文本框可以设置文字的方向、格式化文字、设置段落格式等,效果图如图 3-73 所示。文本框有两种:一种是横排文本框,一种是竖排文本框。

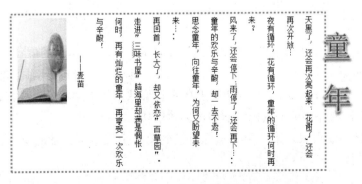

图 3-73 "文本框"效果

1. 插入文本框

① 用户可以先插入一空文本框,再输入文本内容或者插入图片。在"插入"功能区的"文本"分组中单击"文本框"按钮，选择合适的文本框类型,然后返回到 Word 2010 文档窗口,在要插入文本框的位置拖动鼠标,到合适位置后松开鼠标,即可完成空文本框的插入。

② 用户也可以将已有内容设置为文本框。选中需要设置为文本框的内容,在"插入"功能区的"文本"分组中单击"文本框"按钮,在打开的文本框面板中选择"绘制文本框"或"绘制竖排文本框"命令,被选中的内容将被设置为文本框。

2. 设置文本框格式

在文本框中处理文字就像在一般页面中处理文字一样,可以在文本框中设置页边距,同时也可以设置文本框的文字环绕方式、大小等。设置文本框格式时,右键单击文本框边框,选择"设置形状格式"命令,将弹出如图 3-74 所示的"设置形状格式"对话框。若要设置文本框"版式",右键单击文本框边框,选择"其他布局选项"命令,在打开的"布局"对话框"版式"选项卡中,进行类似于图片"版式"的设置即可。

图 3-74 "设置形状格式"对话框

3. 文本框的链接

通过在多个 Word 2010 文本框之间创建链接,可以在当前文本框中充满文字后自动转入所链接的下一个文本框中继续输入文字。

【例 3-19】 绘制 3 个文本框,并实现链接。

操作步骤如下。

① 打开 Word 2010 文档窗口,并插入 3 个文本框,调整文本框的位置和尺寸。

② 单击选中第 1 个文本框,在打开的"绘图工具/格式"选项卡中,单击"文本"分组中的"创建链接"按钮，鼠标指针变成水杯形状,将水杯状的鼠标指针移动到准备链接的下一个文本框内部,单击鼠标左键即可创建链接。

③ 重复上述步骤可以将第 2 个文本框链接到第 3 个文本框,依此类推,可以在多个文本框之间创建链接。

3.3 公式与图表

3.3.1 公式编辑

对于一些比较复杂的数学公式的输入问题，如积分公式、求和公式等，Word 2010 中内置了公式编写和编辑功能，可以非常方便地编辑公式。

在文档中插入公式的方法如下：将插入点置于公式插入位置，使用快捷键 Alt+=，系统自动在当前位置插入一个公式编辑框，同时出现如图 3-75 所示的"公式工具"中的"设计"选项卡，单击相应按钮在编辑框中编辑公式。切换到"插入"功能区，在"符号"分组中单击"公式"按钮 π，插入一个公式编辑框，然后在其中编写公式，或者单击"公式"按钮下方的向下箭头，在内置公式的下拉列表中直接插入一个常用数学结构。

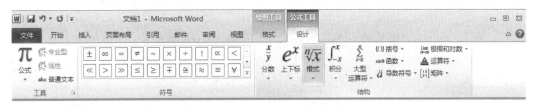

图 3-75 "公式工具"中的"设计"选项卡

【例 3-20】 插入数学公式。

操作步骤如下。

① 将插入点定位于文档中要插入公式的位置。

② 选择"插入"选项卡→"符号"组→"公式"下拉按钮→"插入新公式"，文档插入点位置插入了一个公式框，如 [在此处键入公式。] 。

③ 在公式编辑框中输入"y=a"，单击"上下标"按钮，在下拉列表中选择第 1 个样式 □，底数位置输入"x"，指数位置输入 2。向右移动一列，输入"+bx+"。

④ 单击"函数"按钮，选择"三角函数"第 1 个样式 sin□，在函数参数位置输入"x"。单击公式框外任意位置，结束公式的创建。

3.3.2 SmartArt 图

SmartArt 图形是信息和观点的视觉表示形式。可以通过多种不同布局来创建 SmartArt 图形，从而快速、轻松、有效地传达信息。创建 SmartArt 图形时，切换到"插入"功能区，选择"插图"组的 SmartArt 按钮，弹出如图 3-76 所示的"选择 SmartArt 图形"对话框，选择一种 SmartArt 图形类型，例如，"列表""流程""循环""层次结构""关系""矩阵"等。

插入图形后，如果对布局不满意，可以通过"SmartArt 工具"中的"设计"选项卡，如图 3-77 所示，改变 SmartArt 图的样式和布局进行调整和修饰。

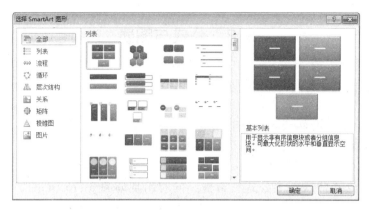

图 3-76 选择"SmartArt 图形"对话框

图 3-77 "SmartArt 工具"中的"设计"选项卡

3.3.3 图表

在编辑办公文档时，往往需要添加一些图表。相对于单纯用表格显示数据来说，以图表的方式显示能更加直观地反映数据的变化情况，使行情走势等一目了然。在 Word 2010 中，可以插入多种数据图表。

在 Word 2010 中插入图表的步骤是：

① 打开 Word 2010 文档窗口，切换到"插入"功能区。在"插图"分组中单击"图表"按钮，弹出如图 3-78 所示的"插入图表"对话框。

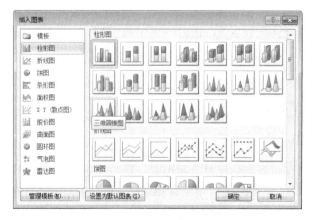

图 3-78 "插入图表"对话框

② 在"插入图表"对话框左侧的图表类型列表中选择需要创建的图表类型，在右侧图表子类型列表中选择合适的图表，并单击"确定"按钮。

③ 并排打开 Word 和 Excel 两个窗口，在 Excel 窗口中编辑图表数据。例如，修改系列

名称和类别名称，并编辑具体数值等。在编辑 Excel 表格数据的同时，Word 窗口中将同步显示图表的结果。

④ 完成 Excel 表格数据的编辑后关闭 Excel 窗口，在 Word 窗口中可以看到创建完成的图表。

【例 3-21】 创建如图 3-79 所示的组织结构图。

图 3-79　"组织结构图"效果

具体步骤如下：

① 选择"插入"选项卡→"插图"组→"SmartArt"按钮，弹出"选择 SmartArt 图形"对话框，选择"层次结构"。单击右侧样式面板的第一个样式 。

② 右键单击第二层中间的图形，在弹出的菜单中选择"添加形状"按钮，选择"在下方添加形状"。

③ 重复操作上述步骤，添加相应的形状，同时删除多余的图形。

④ 双击第二层中间的图形，在"SmartArt 工具"的"设计"选项卡中选择"创建图形"组→"布局"按钮，在弹出的列表框中选择"标准"，同时完成组织结构图的结构设计。

⑤ 将结构图中的"文本"改为相应文字内容。

⑥ 选中整个组织结构图，在"SmartArt 工具"的"设计"选项卡中选择"SmartArt 样式"组→"更改颜色"按钮，在弹出的列表框中选择"彩色"类的第一个样式；在样式表中选择第三个 "细微"效果，完成组织结构图的设计。

3.4　表格的创建与编辑

表格是文档的一个重要组成部分，Word 提供了丰富的表格处理功能，包括表格的创建、表格的编辑、表格的格式化、表格的计算和排序等操作。

3.4.1　表格的创建

Word 2010 中提供了多种表格制作的方法，可以插入空白表格、手工绘制表格，可以创建有虚拟数据的快速表格，还可以创建 Excel 电子表格。Word 中创建表格通常先插入一个空白表格，再利用合并、拆分单元格等操作，制作一个符合要求的复杂表格。

1. 插入表格

① 利用"插入表格"对话框建立空表格。选择"插入"选项卡→"表格"组→"表格"按钮→"插入表格"命令，弹出如图 3-80 所示的"插入表格"对话框。在对话框中设

置要插入表格的列数和行数,单击"确定"按钮。

② 利用"插入表格"按钮建立空表格。选择"插入"选项卡→"表格"组→"表格"按钮,弹出如图 3-81 所示的"插入表格"面板,拖动鼠标指针到合适位置,单击鼠标左键,一个符合要求的表格就插入到了文档的插入点位置。

图 3-80 "插入表格"对话框

图 3-81 "插入表格"面板

2. 手工绘制制表

比较复杂的表格,比如表格中的行和列有错位,甚至有斜线,可以使用手工方式绘制,具体操作步骤如下:

① 将插入点定位于要创建表格的位置。

② 选择"插入"选项卡→"表格"组→"表格"按钮→"绘制表格"命令,鼠标指针在文档编辑区呈笔形 ∅,表明进入手工制表格状态。

③ 鼠标指向要绘制表格位置的左上角,然后按住鼠标左键拖动,当到达自己想要的位置时,释放鼠标左键,得到一个实线表格外框,此时窗口的功能区中增加了一项"表格工具",有"设计""布局"两个选项卡,如图 3-82 所示。

图 3-82 "表格工具"中的"设计"选项卡

④ 根据需要在表格框内拖动笔形鼠标指针,任意绘制横线、竖线和对角线,完成对行和列的设置。

⑤ 删除线条时,单击"表格工具"中的"设计"选项卡→"绘图边框"组→"擦除"按钮,鼠标指针呈橡皮擦状,移动鼠标指针到要删除的线条上,单击该线条,线条即被删除。

⑥ 双击文档编辑区任何位置,或取消"绘制表格"和"擦除"按钮的选定,完成表格的手工绘制。

3. 将文本转换为表格

Word 2010 可以将已经存在的文本转换为表格，其操作方法是：

① 选定添加段落标记和分隔符的文本。

② 选择"插入"选项卡→"表格"组→"表格"按钮→"文本转换成表格"命令，弹出如图 3-83 所示的"将文本转换成表格"对话框，单击"确定"按钮。Word 能自动识别出文本的分隔符，并计算表格列数，即可得到所需的表格。

图 3-83　"将文本转换成表格"对话框

3.4.2　表格的编辑

表格创建后，通常要进行修改。表格的各种编辑操作可以利用图 3-84 所示的"表格工具"中的"布局"选项卡下各组命令来实现。

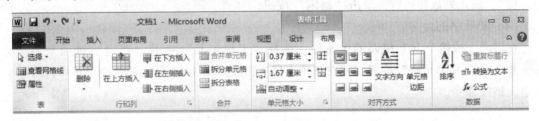

图 3-84　"表格工具"中的"布局"选项卡

1. 选定操作

表格的各种操作必须遵从"先选定，后操作"的原则。

（1）选定表格

选定要操作的整个表格，可以使用下列两种方法来实现：

① 单击表格左上角的标识 ⊕。

② 利用"选择"下拉列表。将插入点置于表格内任一单元格，选择"表格工具"中的"布局"选项卡→"表"组→"选择"按钮 ，弹出"选择"下拉列表，单击"选择表格"命令，则整个表格被选定。

（2）选定行

当鼠标指针移动到表格左边框线外侧时，指针呈 形状，表明进入行选择区，单击行选择区，该行呈反向显示，整行被选定。

(3) 选定列

当鼠标指针移动到表格的上边框线上方时，指针呈↓形状，表明进入列选择区，单击列选择区，该列呈反向显示，整列被选定。

(4) 选定单元格

当鼠标指针移动到单元格的左边框线附近时，指针呈➹形状，表明进入单元格选择区，单击单元格选择区，单元格呈反向显示，该单元格被选定。

2. 拆分与合并

拆分与合并的操作对象包括表格和单元格两个部分。表格的拆分是把一个表格拆分为两个，表格的合并是合二为一。单元格的合并是相邻的多个单元格合并成一个单元格，单元格的拆分可以把单元格拆分成多行多列的多个单元格。

(1) 表格的拆分

首先将插入点定位于表格拆分处，选择"表格工具"中的"布局"选项卡→"合并"组→"拆分表格"按钮，原表格被拆分为上下两个新表格，两个表格之间有一个空行分隔。

(2) 表格的合并

将两个相邻的表格合并成一个表格，首先将插入点定位在两个表格之间的段落标记处，然后按键盘上的 Delete 键删除段落标记，即可实现合并。

(3) 单元格的拆分

选定一个或多个相邻的单元格，选择"表格工具"中的"布局"选项卡→"合并"组→"拆分单元格"按钮，弹出如图 3-85 所示的"拆分单元格"对话框，默认选择"拆分前合并单元格"，输入列数和行数，单击"确定"按钮。

(4) 单元格的合并

选定两个或两个以上相邻的单元格，选择"表格工具"中的"布局"选项卡→"合并"组→"合并单元格"按钮，或右键单击鼠标，在如图 3-86 所示的快捷菜单中选择"合并单元格"命令。

图 3-85 "拆分单元格"对话框

图 3-86 "合并单元格"菜单

3. 插入单元格、行或列

创建一个表格后，要增加单元格、行或列，只需在原有表格上进行插入操作即可。插入的方法是：选定单元格、行或列，右键单击，在快捷菜单中选择"插入"菜单，选择插入的项目（表格、列、行、单元格）。选定单元格、行或列，选择"表格工具"中的"布局"选项卡→"行列"组，单击如图3-87所示的分组中相应按钮实现。

4. 删除单元格、行或列

选定了表格或某一部分后，右键单击，在快捷菜单中选择删除的项目（表格、列、行、单元格）。在如图3-87所示的"行和列"组中单击"删除"按钮，在出现的如图3-88所示的面板中单击相应按钮来完成。

图3-87　"行和列"组　　　　　图3-88　"删除"面板

3.4.3　表格的修饰

表格的修饰是指调整表格的行高、列宽，设置表格的边框、底纹效果，表格对齐等属性，使表格更加清晰和美观。

1. 调整表格大小、列宽与行高

在默认情况下，Word 2010所创建的表格中各行的高度是相等的，列的宽度也是相等的。行高、列宽的修改可以采用"表格属性"对话框、"表格大小"组和鼠标拖动3种方法。

（1）利用"表格属性"对话框

选定表格，选择"表格工具"中的"布局"选项卡→"单元格大小"组→对话框启动器，弹出"表格属性"对话框。单击"行"选项卡，选择"指定高度"复选框，输入值；单击"列"选项卡，选择"指定宽度"复选框，输入值，如图3-89和图3-90所示。

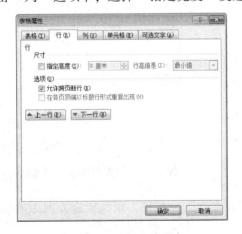　　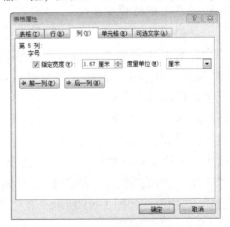

图3-89　"行"选项卡　　　　　图3-90　"列"选项卡

（2）利用"表格大小"组中的命令

"表格工具"中的"布局"选项卡下"单元格大小"组中，有"高度"及"宽度"设置框，分别用来设置表格的行高和列宽，数值默认单位是"厘米"，如图3-91所示。

（3）鼠标拖动修改行高和列宽

将鼠标指针移动到表格的水平框线上时，鼠标指针呈"÷"状，按住鼠标左键，此时出现一条水平的虚线，当拖动到合适位置时，松开左键即可调整好行高。将鼠标指针移动到表格的垂直框线上时，鼠标指针呈"♦‖♦"状，按住鼠标左键，此时出现一条垂直的虚线，当拖动到合适位置时，松开左键即可调整好列宽。在拖动时按Alt键，可以在水平、垂直标尺上看到具体的列宽、行高的数值。

以上是手动调整表格的行高和列宽，Word还可以自动调整表格，平均分布各行和列。自动调整表格的方法有：在表格中右键单击，选择"自动调整"命令，弹出如图3-92所示的"自动调整"子菜单。如果希望表格中的多列具有相同的宽度或高度，选定这些列或行，右键单击选择"平均分布各列"或"平均分布各行"命令，列或行就自动调整为相同的宽度或高度。

图3-91　"单元格大小"组

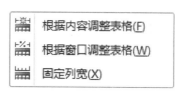

图3-92　"自动调整"子菜单

2. 调整表格位置

表格的对齐方式是指表格在页面中的位置，包括左对齐、居中对齐、右对齐。表格默认的对齐方式为"左对齐"，可以利用"表格属性"对话框来实现。

将插入点置于表格内，选择"表格工具"中的"布局"选项卡→"表"组→"属性"按钮，弹出如图3-93所示的"表格属性"对话框。

3. 设置单元格的对齐方式

在"表格工具"中的"布局"选项卡"对齐方式"组中，有9个设置单元格对齐方式的按钮，如图3-94所示。在选中相应单元格后可以直接单击按钮设置单元格的对齐方式。

还可以通过"表格属性"对话框实现单元格内容垂直对齐方式的设置。具体操作步骤是：选定单元格，选择"表格工具"中的"布局"选项卡→"表"组→"属性"按钮，弹出"表格属性"对话框，选择"单元格"选项卡，如图3-95所示，在"垂直对齐方式"一栏中，设置竖直方向上的位置关系。

图3-93　"表格属性"对话框

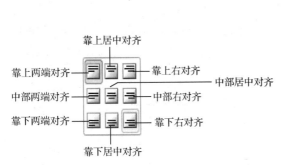

图 3-94　"单元格对齐方式"按钮　　图 3-95　"表格属性"对话框"单元格"选项卡

4. 添加表格边框和底纹

表格边框和底纹的添加方法主要有两种：利用"边框和底纹"对话框；利用"边框"和"底纹"按钮。

【例 3-22】　将如图 3-96 所示表格的第一行填充"橙色"，其余各行填充"白色，背景 1"底纹。整个表格设置外边框为深蓝色、1.5 磅的实框，内边框为蓝色、0.5 磅的虚框。

准考证号	姓名	性别	数学	语文
LHGZ31025	王申银	男	99.0	95.0
LHGZ31005	王自立	男	95.0	88.0
LHGZ31012	周春国	男	67.0	95.0
LHGZ31017	李　玲	女	85.5	95.0
LHGZ31020	郭卫华	男	69.0	76.0
LHGZ31007	郭建平	男	67.0	73.0
LHGZ31009	韩俊平	女	66.0	89.0

图 3-96　表格的"边框和底纹"示例

操作步骤如下。

① 选定表格的第一行，选择"表格工具"中的"设计"选项卡→"表格样式"组→"底纹"下拉按钮，弹出"底纹"下拉列表，如图 3-97 所示，在"主题颜色"中选择"橙色，强调文字颜色 6，淡色 60%"。

② 选定整个表格，选择"表格工具"中的"设计"选项卡→"表格样式"组→"边框"下拉按钮→"边框和底纹"，或右键单击，在快捷菜单中选择"边框和底纹"，弹出"边框和底纹"对话框，如图 3-98 所示。

③ 在"设置"一栏中选择"方框"，在"样式"列表中选择单实线"———"，在"颜色"列表中选择"深蓝，文字 2"，在"宽度"列表中选择"1.5 磅"，在"应用于"列表中选择"表格"，最后单击"确定"按钮，完成表格外边框的设置。

④ 在"设置"一栏中选择"自定义"，在"样式"列表中选择单实线"………"，在"颜色"列表中选择"蓝色"，在"宽度"列表中选择"0.5 磅"，在预览面板中单击 和 按钮，设置表格内部的线型；在"应用于"列表中选择"表格"，最后单击"确定"按钮，

完成表格内边框的设置。

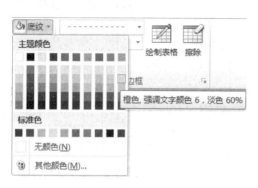

图 3-97 "底纹"下拉列表

图 3-98 "边框和底纹"对话框

5. 表格自动应用样式

Word 提供了许多现成的表格样式，用户可以方便、快捷地设置表格格式。将插入点定位到表格中的任意单元格，切换到"表格工具"中的"设计"选项卡，在"表格样式"分组中列出了表格的内置样式，如图 3-99 所示，选择合适的表格样式，表格将自动套用所选的表格样式。

图 3-99 "表格样式"分组

3.4.5 表格的计算与排序

Word 提供了对表格数据进行简单计算和排序的功能。

1. 表格计算

在 Word 2010 文档中，用户可以借助 Word 2010 提供的数学公式运算功能对表格中的数据进行数学运算，包括加、减、乘、除、求和、求平均值等常见运算。用户可以自己构造公式进行计算，也可以使用函数计算。表格计算中有两个常用的函数：求和函数 SUM 和求平均值函数 AVERAGE。常用的两个函数参数：LEFT，表示当前单元格左侧的单元格区域；ABOVE，表示当前单元格上方的单元格区域。

【例 3-23】 以表 3-6 为例，计算某中学初三（1）班期终考试成绩表最后两列的值。

表 3-6 某中学初三（1）班期终考试成绩表

姓名	数学	语文	英语	政治	物理	总分	平均分数
王申银	99.0	95.0	93.0	98.0	97.5		
王自立	95.0	88.0	97.0	83.5	85.5		

续表

姓名	数学	语文	英语	政治	物理	总分	平均分数
周春国	67.0	95.0	88.0	97.0	83.5		
李玲	85.5	95.0	97.5	88.0	78.0		
郭卫华	69.0	76.0	66.0	90.0	66.0		
郭建平	67.0	73.0	69.0	89.0	78.0		
韩俊平	66.0	89.0	79.0	97.0	67.0		

分析："总分"是一列求和；"平均分数"是一列求平均。用函数、构造公式两种方法实现。

方法1：利用函数求总分

① 单击存放总分的单元格：G2（即第2行第7列）。

② 选择"表格工具"中的"布局"选项卡→"数据"组→"公式"按钮，弹出"公式"对话框，如图3-100所示。

③ 在"公式"文本框中输入"=SUM(LEFT)"，也可以在"粘贴函数"列表中选择所需的函数。

④ 在"编号格式"列表中选择"0"格式，表明数据将保留0位小数。

⑤ 单击"确定"按钮，公式所在单元格的值就被计算出来了。

采用同样的步骤计算出其他单元格中的总分值。在用函数进行计算时，可利用功能键F4来重复上一个公式。采用类似的过程计算最后一列平均值：

将插入点置于H2单元格中，单击"数据"组中的"公式"按钮，在"公式"文本框中输入"=AVERAGE（LEFT）"，"编号格式"列表中选择"0.00"，表明数据将保留两位小数位数，如图3-101所示。单击"确定"按钮后，第一个平均值就计算出来了，再依次单击下一个单元格，并分别按一次F4键。

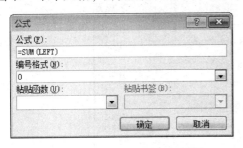 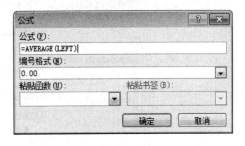

图3-100 "公式"对话框（求和）　　图3-101 "公式"对话框（求平均）

技巧：选定有公式的单元格，按Shift+F9键，该单元格会显示出公式，若不正确，可修改，再按F9键，该单元格显示计算结果。

方法2：利用构造公式计算总分、平均分

① 在"公式"对话框中，输入公式"=B2+C2+D2+E2+F2"，计算G2单元格的总分。

② 同理，在"公式"对话框中输入公式"=(B2+C2+D2+E2+F2)/5"，计算H2单元格的平均值。

注意：利用构造的公式计算时，再用功能键 F4 重复公式，显然就不适用了。"公式"文本框中的公式都以"＝"开头，所有的字符和符号都必须是英文半角状态。

2. 表格排序

表格排序是按排序关键字重新调整各行数据在表格中的位置。排序关键字就是排序的依据，通常是按某一列的值的大小进行排序。Word 允许按照两个关键字排序，即当某列（主关键字）有多个相同的值时，可按另一列（次关键字）排序，若该列也有多个相同的值，再按照第三列（第三关键字）排序。

【例 3-24】 以表 3-6 为例，按数学成绩降序排序。如果数学成绩相同，按语文成绩降序排列。排序样文见表 3-7。

表 3-7　排序样文

姓名	数学	语文	英语	政治	物理
王申银	99.0	95.0	93.0	98.0	97.5
王自立	95.0	88.0	97.0	83.5	85.5
李玲	85.5	95.0	97.5	88.0	78.0
郭卫华	69.0	76.0	66.0	90.0	66.0
周春国	67.0	95.0	88.0	97.0	83.5
郭建平	67.0	73.0	69.0	89.0	78.0
韩俊平	66.0	89.0	79.0	97.0	67.0

① 将插入点定位在选定表格中。

② 选择"表格工具"中的"布局"选项卡→"数据"组→"排序"按钮，弹出"排序"对话框，如图 3-102 所示。

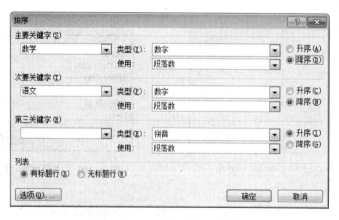

图 3-102　"排序"对话框

③ 选择"有标题行"，在"主要关键字"列表中，选择"数学"、排序方式为"降序"，在"次要关键字"列表中，选择"语文"，排序方式为"降序"，单击"确定"按钮。

3.5 Word 2010 的高级应用

3.5.1 脚注、尾注与批注的应用

1. 脚注与尾注

在编著书籍或撰写论文时，经常需要对文中的某些内容进行注释说明，或标注出所引文章的相关信息。这些注释或引文信息如果直接出现在正文中，会影响文章的整体性，所以可以使用脚注和尾注功能进行编辑。作为文章的补充说明，脚注按编号顺序写在文档页面的底部，可以作为文档某部分内容的注释，如图 3-103 所示；尾注以列表的形式集中放在文档末尾，列出引文的标题、作者和出版期刊等信息。

脚注和尾注由两个相关联的部分组成：注释引用标记和其对应的注释文本。注释引用标记通常以上标的形式显示在正义中。

插入脚注和尾注的步骤是：

① 定位插入点到插入脚注或尾注的位置。

② 选择"引用"选项卡→"脚注"组→对话框启动器，弹出"脚注和尾注"对话框，如图 3-104 所示。

图 3-103 脚注效果　　　　　　　　图 3-104 "脚注和尾注"对话框

③ 选中"脚注"单选按钮后，即可插入脚注；选中"尾注"单选按钮后，可以插入尾注。

④ 单击"确定"按钮后，就可以在出现的编辑框中输入注释文本。

2. 批注

批注功能允许协作处理文档的用户提出问题、提供建议、插入备注及给文档内容做出一般性解释。在文档的页边距或"审阅窗格"中显示批注，如图 3-105 所示。

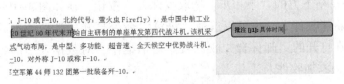

图 3-105 批注示意图

（1）插入批注

选中要插入批注的文字或插入点，选择"审阅"选项卡→"批注"组→"新建批注"按钮，弹出"批注"框，并输入批注内容。

（2）删除批注

鼠标右键单击要删除的批注，从弹出的快捷菜单中选择"删除批注"命令。

3.5.2 邮件合并应用

"邮件合并"这个名称最初是在批量处理"邮件文档"时提出的。"邮件合并"功能除了可以批量处理信函、信封等与邮件相关的文档外，还可以轻松地批量制作标签、工资条、成绩单等。邮件合并思想首先建立两个文档：一个主文档，包括创建文档中共有的内容，例如邀请函的主要内容；另一个是数据源，包括需要变化的信息，如姓名、地址等。

1. 建立主文档

建立主文档的过程就和平时新建一个 Word 文档一样，在进行邮件合并之前，它只是一个普通的文档。在文档合适的位置留下数据填充的空间。

2. 创建数据源

主文档创建好了，还需要明确相应的数据内容等信息，这些信息以数据源的形式存在。可以创建新的数据源，也可以利用已有的数据源。新建一个 Excel 数据簿，在工作表中输入数据源，需要注意的是，数据表中不能有表的标题，因为在合并到主文档中要引用数据表的相关字段。

3. 合并文档与数据源

邮件合并可以通过邮件向导按步骤实现，也可以通过如图 3-106 所示的"邮件"选项卡来实现。

图 3-106 "邮件"选项卡

以创建"信函"为例，具体操作步骤如下：

① 打开主文档，选择"邮件"选项卡→"开始邮件合并"组→"开始邮件合并"按钮，选择"邮件分布合并向导"命令。在弹出的如图 3-107 所示的"邮件合并"任务窗格中选择文档类型"信函"。

② 单击任务窗格下方的"正在启动文档"按钮，因为主文档已打开，所以选择"使用当前文档"，如图 3-108 所示。

③ 单击任务窗格下方的"下一步：选取收件人"按钮，在如图 3-109 所示的窗口中选择收件人，可以新建收件人，也可以选择"浏览"命令打开"选取数据源"对话框，找到数据源并打开。在打开的"邮件合并收件人"对话框中，对数据表中的数据进行选择，单击"确定"按钮，添加收件人。

图 3-107　"邮件合并"任务窗格

图 3-108　选择开始文档

图 3-109　选择收件人

④ 单击任务窗格下方的"下一步：撰写信函"按钮，根据情况选定"地址块""问候语""电子邮政"和"其他项目"。这里选择"其他项目"选项，打开"插入合并域"对话框，如图 3-110 所示。选中相应字段，单击"插入"按钮，用同样方法加入其他字段。合并后的主文档出现了两个引用字段，引用字段被书名号括起来。

⑤ 单击任务窗格下方的"下一步：预览信函"按钮，可以看到一封一封填写完成的信函，查看格式、内容是否要修改的，如不用修改，则进入下一步"完成合并"。

图 3-110　"插入合并域"对话框

【例 3-25】　利用 Word 2010 的邮件合并功能，批量制作获奖证书。

操作步骤如下。

前期准备：

① 新建证书样式文档，如图 3-111 所示，保存为"获奖证书正文.doc"。

② 创建学生的基本信息 Excel 文档（包括学生姓名、获得奖项等信息），如图 3-112 所示，保存为"获奖信息.xls"。

制作证书：

打开文档"获奖证书正文.doc"，选择"邮件"选项卡→"开始邮件合并"组→"开始邮件合并"按钮，选择"邮件分布合并向导"命令。

在文档右侧导航栏中进行以下操作：

① 选择文档类型"信函"→"下一步：正在启动文档"。

② 选择"使用当前文档"→"下一步：选取收件人"。

图 3-111　主文档样式　　　　　　图 3-112　数据源样式

③ 单击"浏览",打开对应学生信息的 Excel 文档,找到学生获奖信息所在数据表(如 Sheet1,Sheet2,…),然后单击"确定"按钮。

④ 选择需要生成的学生信息列表,然后单击"确定"按钮。

⑤ 单击"下一步:撰写信函"进入合并域的操作。

⑥ 先将鼠标插入需要添加学生"姓名"的位置,选择"其他项目",选择"姓名"列名,然后单击"插入"→"关闭";用同样的方法完成"获得奖项"的插入。合并后的主文档出现了两个引用字段,引用字段被书名号括起来。

⑦ 单击"下一步:预览信函"按钮,可以看到一个填写完成的获奖证书,查看格式、内容是否要修改,如不用修改,则进入下一步"完成合并"。

⑧ 选择"打印"或"编辑个人信函",完成获奖证书的制作。

3.5.3　打印和预览

文档在打印前,通过打印预览查看文档排版的效果。选择"文件"面板→"打印"命令,打开"打印"窗口,如图 3-113 所示。右侧的"预览"区域可以查看效果。左侧为默认的打印属性设置区,可以设置打印范围、打印份数、单面或双面打印等内容。

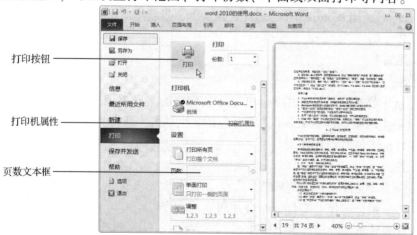

图 3-113　"打印"窗口

一、单项选择题

1. Word 2010 字表处理软件属于（　　）。
   A. 管理软件　　　　　B. 网络软件　　　　　C. 应用软件　　　　　D. 系统软件

2. 进行"替换"操作时，应当使用（　　）。
   A. "开始"功能区中的按钮　　　　　　B. "视图"功能区中的按钮
   C. "插入"功能区中的按钮　　　　　　D. "引用"功能区中的按钮

3. 在 Word 编辑状态下，利用（　　）可以快速、直接调整文档的左右边界。
   A. 格式栏　　　　　B. 工具栏　　　　　C. 菜单　　　　　D. 标尺

4. 以下选定文本的方法中，正确的是（　　）。
   A. 把鼠标指针放在目标处，按住鼠标左键拖动
   B. Ctrl+左右箭头
   C. 把鼠标指针放在目标处，双击鼠标右键
   D. Alt+左右箭头

5. "页眉页脚"分组在（　　）功能区中。
   A. 面页布局　　　　　B. 引用　　　　　C. 插入　　　　　D. 开始

6. 在（　　）视图模式下，首字下沉和首字悬挂无效。
   A. 页面　　　　　B. 草稿　　　　　C. Web 版式　　　　　D. 阅读版式

7. 在下列操作中不能完成文档保存的是（　　）。
   A. 单击快速访问工具栏上的"保存"按钮　　　B. 按 Ctrl+O 组合键
   C. 单击"文件"→"保存"命令　　　　　　　D. 单击"文件"→"另存为"命令

8. Word 可将一段文字转换成表格，对这段文字的要求是（　　）。
   A. 必须是一个段落
   B. 每行的几个部分之间必须用空格分开
   C. 必须是一节
   D. 每行的几个部分之间必须用统一的符号分隔

9. 下列说法错误的是（　　）。
   A. 行间距指段落中行与行之间的垂直距离
   B. 1.5 倍行距指的是设置每行的高度为这行中最大字体高度的 1.5 倍
   C. 1.5 倍行距指的是设置每行的高度为这行中最小字体高度的 1.5 倍
   D. 1.5 倍行距指的是设置每行的高度为 1.5 厘米

10. 若将表格中一个单元格的文本改为竖排，应选择（　　）命令。
    A. 分栏　　　　　B. 制表位　　　　　C. 中文版式　　　　　D. 文字方向

11. 关于样式说法错误的是（　　）。
    A. 样式是一组已经命名的字符格式或者段落格式
    B. 样式分为段落样式和字符样式两种
    C. Word 自带的样式不能被修改

D. 用户可根据自己需要创建新的样式

12. 以下关于表格排序的说法，错误的是（　　）。

A. 可按数字进行排序　　　　　　　　B. 可按日期进行排序

C. 拼音不能作为排序的依据　　　　　D. 排序规则有递增和递减

13. "边框与底纹"对话框的命令按钮位于（　　）功能区中。

A. 面页布局　　　B. 引用　　　C. 插入　　　D. 开始

14. 可以在（　　）功能区设置纸张大小。

A. 开始　　　B. 引用　　　C. 页面设置　　　D. 视图

15. 删除一个段落标记，该段落标记之前的文本成为下一个段落的一部分，则其格式（　　）。

A. 并维持原有的段落格式不变　　　　B. 改变成下一个段落的段落格式

C. 无法确定　　　　　　　　　　　　D. 改变成另一种段落格式

二、多项选择题

1. 在 Word 2010 中，在打开的多个文档之间进行切换，可以通过（　　）实现。

A. 单击任务栏上的相应按钮　　　　　B. 按住 Ctrl+F6 组合键切换

C. 按住 Alt+Esc 组合键切换　　　　　D. 按住 Alt 键，再反复按 Tab 键

2. 以下说法正确的是（　　）。

A. 在草稿中，可以显示页眉、页脚、页号及页边距

B. 在 Web 版式视图中文档的显示与在浏览器中的显示完全一致

C. 页面视图支持"所见即所得"的视图模式

D. 大纲视图方式主要用于显示文档的结构

E. 在阅读版式视图方式中把整篇文档分屏显示，以增加文档的可读性

2. Word 提供的退出或关闭的方法有（　　）。

A. 选择"文件"→"退出"命令

B. 单击 Word 窗口右上角的"关闭"×按钮

C. 双击 Word 窗口左上角的"控制菜单"图标

D. 按组合键 Alt+F4

E. 按组合键 Ctrl+O

4. 选定文本的方法很多，关于选定文本的说法，正确的有（　　）。

A. 用鼠标左键双击要选择的单词，可以选定一个单词

B. 按住 Shift 键，同时单击要选择的句子，可以选定一个句子

C. 将鼠标指针移到这一行左端的选定区，当鼠标指针变成向右上方指的箭头时，单击就可选定一行文本

D. 将鼠标指针移到所要选定段落的左侧选定区，当鼠标指针变成向右上方指的箭头时，双击可选定一端文本

E. 将鼠标指针移到文档左侧的选定区，并连续快速三击鼠标左键，可以选定全文

5. 下列说法正确的是（　　）

A. 在对选中的文本进行移动和复制，除鼠标方式外，都是借助"剪贴板"实现的

B. 剪贴板是内存中的一块临时区域

C. Office 剪贴板中可存放包括文本、表格、图形等 24 个对象

D. Office 剪贴板中的内容还可以粘贴到其他应用程序中

E. 使用"复制"或"剪切"命令时，将把复制或剪切内容及其格式等信息暂时存储在剪贴板中

三、填空题

1. Word 2010 文档默认扩展名是_____，默认保存位置是_____。

2. 在水平滚动条的左边有五个按钮，称为视图按钮，从左至右依次为_____、阅读版式视图、_____、_____和草稿视图。

3. 移动文本操作与复制类似，选中需要移动的文本，按_____组合键将选中的文本剪切到剪贴板中，将光标移动到目的位置，按_____组合键将剪切的文本粘贴到光标处。

4. 利用 Delete 键或 BackSpace 键可以实现文本和其他内容的删除。不同的是，按_____键，删除插入点前的字符；按_____键，删除插入点后的字符。

5. _____就是指一组已经命名的字符格式或者段落格式。

6. 段落对齐方式有五种，即"左对齐"、"居中"、_____、"两端对齐"和_____。

7. 保存文件最重要的是确定好三项内容：_____、_____和_____。

8. 文本查找的快捷键是_____，替换的快捷键是_____。

9. 对多个图形进行组合时，需要按住_____键，然后依次选定要组合的图形。

四、综合实践题

1. 请对给定素材进行下列操作，完成操作后，请保存文档，并关闭 Word。

● 将正文设置为华文行楷、小四，段前段后间距设置为"0.5 行"。

● 请将第 1 段"有个朋友说他……完全是信赖。"的首字下沉 2 行，距正文 0.5 厘米，字符间距缩放比例设置为"150%"。

● 请将第 2 段、第 3 段的首行缩进为 2 个字符。

● 添加页眉：心灵鸡汤——第 1 页；添加页脚——现代型奇数型。

● 插入标题艺术字"灵感"，艺术字样式为：填充——橙色，强调文字颜色 6，内部阴影。形状样式为：细微效果，蓝色，强调颜色 1。艺术字的环绕方式为穿越型。

● 将最后一段"助人为乐"添加蓝色边框、填充黄色底纹。

● 插入一张 4 行 8 列的表，并套用样式为"浅色列表----强调颜色 3"，如图 3-114 所示。

● 插入数学公式：$ax^2 + bx + c = 0, x = \dfrac{-b \pm \sqrt{b^2 - 4ac}}{2a}$。

素材：

有个朋友说他最近的开心事有两桩。一次是过马路时，有个老太太微笑着伸出手，要求他带她过去。当时街上的行人不少，老太太唯独看中了他，伸手给他的姿势也是很优雅的，脸向上仰着，完全是信赖。

另一次也是走在马路上，一个小男孩东张西望地不专心走路，一步跨前，手拉着他的胳膊，大概把他当作自己的爸爸了，走了好几步路抬头一看，呀！是个陌生大个子，便红着脸飞快跑了。

做好事做得相当有美感。有趣的插曲就在你不意之中发生了，朋友开心大概就是因为人乐，他也乐，美丽的情境犹如一段小提琴独奏。

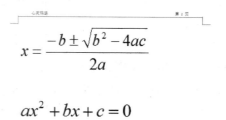

图 3-114 样张

2．请对所给素材进行下列操作。完成操作后，请保存文档，并关闭 Word。

● 按样文 1 设置页眉和页脚，在页眉左侧录入文本"人与自然"，在右侧插入页码"第 1 页"。

● 正文除第一段外的段落设置为三栏格式，加分隔线，字号设置为小五。

● 将标题设置为艺术字，样式为"填充——红色，强调文字颜色"，字体为隶书，字体大小为"小初"，形状为"中等效果——橄榄色，强调颜色 3"，文字环绕方式为"四周型"。

● 为正文第一段添加浅黄色底纹，字体设置为方正姚体，小四，将最后一句"人口膨胀导致的过度开发自然资源、过量砍伐森林、过度开垦土地是形成沙尘暴的主要原因，并加重了其强度和频度。"字体设置为华文新魏，四号，颜色为"蓝色，强调文字颜色 1，深色 25%"；将第一段固定行距设置为 18 磅；段后间距为 6 磅。

● 将第二、第三和第四段固定行距设置为 15 磅。

● 在文中插入一张图片，设置图片的高度为 3.47 cm，宽度为 4.13 cm，环绕方式为紧密型（选中图片，单击鼠标右键，单击"大小和位置"→"缩放"，将"锁定纵横比"前面的钩去掉）。

● 将正文第二、第三和第四段文本中的"沙尘暴"全部替换为红色文本"沙尘暴"，字体为华文新魏，字号为小四。

● 在后面加入一个 4 行 5 列的表格。

素材：

沙尘暴的形成和危害

沙尘暴是一种风与沙相互作用的天气现象，即由于强风将地面沙尘吹起，使大气能见度急剧降低的灾害性天气。形成的原因是多种多样的，既有自然原因，也有人为原因，像地球温室效应、厄尔尼诺现象、森林锐减、植被破坏、物种灭绝、气候异常等因素。其中，人口膨胀导致的过度开发自然资源、过量砍伐森林、过度开垦土地是形成沙尘暴的主要原因，并加重了其强度和频度。

沙尘暴作为一种高强度风沙灾害，并不是在所有有风的地方都能发生，只有那些气候干旱、植被稀疏的地区，才有可能发生沙尘暴。

沙尘暴多发生在每年的4—5月，以我国西北地区为例，每年此时，在太平洋上形成夏威夷高压，亚洲大陆形成印度低压，强烈的偏南风由海洋吹向陆地，控制大陆的蒙古高压开始由西向北移动，寒暖气流在此交汇，较重的西伯利亚寒流自西向东来势快，常形成大风。形成沙尘暴的风力一般8级以上，风速约每秒25米。此外，沙尘暴形成需要有充足的沙源，沙尘、沙粒能被风吹离地面。我国西北地区深居内陆，森林覆盖率不高，大部分地表为荒漠和草原，沙荒地多，为沙尘暴的形成提供了条件。况且，挖甘草、搂发菜、开矿这些掠夺性的破坏行为更加剧了这一地区的沙尘暴灾害。裸露的土地很容易被大风卷起形成沙尘暴甚至强沙尘暴。

在自然状态下，沙尘暴一般规模小。但由于人们乱垦草地和超载放牧，使大片草地变为荒地，加大了沙尘暴发生的频度和强度。20世纪30年代，美国在向西部大平原开发过程中，大量伐林毁草，致使大片草地沦为荒漠，导致了3次著名的"黑风暴"的发生。据1934年席卷北美大陆的一次黑风暴事后估计，当时约有3亿吨沃土被吹走，其中芝加哥一天的降尘量达1 242万吨。

数据处理 Excel 2010

电子表格处理软件 Excel 2010 是 Microsoft Office 2010 中的一个重要组件，具有强大的表格处理能力，可以制作表格、利用公式和函数进行计算、创建各种图表，还可以对表格中数据进行排序、分类汇总、筛选等操作。本章将详细介绍 Excel 2010 的基本操作和使用方法。

4.1　Excel 2010 入门

4.1.1　Excel 2010 的基本概念

1. 工作簿

Excel 创建的文件称为"工作簿"。打开 Excel 2010 时，默认创建并打开一个名为"工作簿1"，扩展名默认为".xlsx"的工作簿。

2. 工作表

在 Excel 中，工作表是用于存储和处理数据的主要文档，也称为电子表格。一个新的工作簿中默认有 3 张工作表，分别是 Sheet1、Sheet2、Sheet3（工作表标签）。用户可以插入新工作表，一个工作簿中最多包含 255 个工作表。如果希望在启动 Excel 2010 时创建多于 3 个的工作表，可以进行如下设置：打开"Excel 选项"对话框，在常规选栏目中，调整"新建工作簿时"下面的"包含的工作表数"后面的数值至需要的数目后，单击"确定"按钮返回即可，如图 4-1 所示。

图 4-1　"Excel 选项"对话框

3. 单元格

工作表中任意一行和任意一列交叉的位置构成一个单元格，单元格是在 Excel 中输入数据的基本单位。每一个单元格都有名称，是用所在列的列标和所在行的行号组成的，如 B3 表示第 2 列第 3 行的单元格。单元格名称也叫单元格地址。

4. 启动与退出

启动 Excel 2010 的方法有多种，常用的有 3 种：

① 从"开始"菜单启动：执行"开始"→"所有程序"→"Microsoft Office"→"Microsoft Excel 2010"命令。

② 通过快捷方式启动：双击 Microsoft Excel 2010 快捷方式图标 。

③ 通过 Excel 文件启动：双击任意一个 Excel 文件图标 ，则在启动 Excel 应用程序的同时，也打开了该文件。

退出 Excel 2010 的方法有多种，若希望退出 Excel 应用程序窗口的同时，也关闭工作簿窗口，可采用下列方法：

① 选择"文件"选项卡→"退出"命令。

② 按快捷键 Alt+F4。

③ 单击标题栏右侧的关闭按钮 。

④ 双击标题栏左侧的控制菜单图标 。

⑤ 单击控制菜单图标 或右击标题栏，弹出 Excel 窗口的控制菜单，选择"关闭"命令。

4.1.2 Excel 2010 的工作界面

Excel 2010 启动后，打开了两个嵌套的窗口，分别是 Excel 2010 应用程序窗口和工作簿窗口，如图 4-1 所示，此时的工作簿窗口是最大化状态，与 Excel 应用程序窗口合二为一。Excel 创建的文件被称为"工作簿"。Excel 应用程序窗口由标题栏、快速访问工具栏、功能区、状态栏、名称框、编辑栏和 Excel 工作簿窗口、视图切换按钮、显示比例滑块等组成。

1. 标题栏

标题栏是 Excel 窗口中最上端的一栏。标题栏最左端的" "称为"控制菜单"图标，单击它可以打开控制菜单，该菜单选项可实现窗口的移动、改变大小、关闭等操作。标题栏最右端是 Excel 应用程序窗口的三个控制按钮：最小化 、最大化 （或还原 ）和关闭按钮 。

2. 状态栏

状态栏位于 Excel 窗口的底部，显示了当前窗口操作或工作状态。如：修改单元格内容时，状态栏上显示"编辑"，按 Enter 键后，状态栏上显示"就绪"。

3. 名称框

工作表由单元格组成，每个单元格都有各自的名称，名称框显示的是活动单元格（即被选中的单元格）的名称。图 4-2 所示的活动单元格的名称为 F7。

4. 编辑栏

编辑栏是用来输入和编辑当前单元格内容的区域，位于名称框的右侧。双击单元格或单击编辑栏，进入单元格内容的编辑状态。

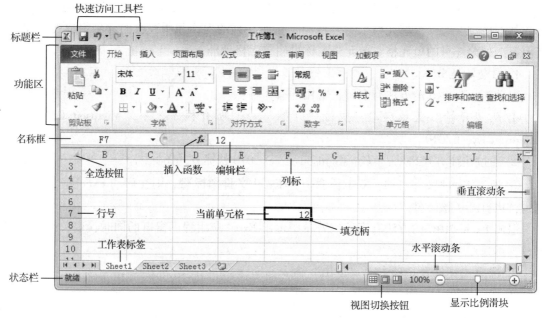

图 4-2　Excel 窗口的构成

5. 主工作区（工作簿窗口）

单击功能区中选项卡右侧的"还原窗口"按钮，工作簿窗口被还原，如图 4-3 所示。工作簿窗口也有标题栏、控制菜单图标、最大化、最小化或还原、关闭窗口按钮。标题栏上显示当前工作簿的名称，如"工作簿 1"；一个工作表最多可由 1 048 576 行、16 384 列构成，行和列交叉的位置称为单元格，不同的行和列分别用行标和列标进行标注。

列标位于工作簿窗口的上方，由左到右依次采用字母 A～Z、AA～XFD 编号。行标位于工作簿窗口左方，由上到下采用数字 1~1 048 576 编号。在 Excel 中，工作簿由多张工作表构成，不同的工作表用工作表标

图 4-3　工作簿窗口

签名进行区别，工作表标签显示在工作簿窗口的底部，如 Sheet1、Sheet2、Sheet3，当前工作表突出显示（如 sheet1）；单击工作簿窗口中的最大化按钮时，工作簿窗口将与 Excel 应用程序窗口合二为一。最大化工作簿窗口可以增大工作表的空间，此时工作簿窗口的标题栏合并到 Excel 窗口的标题栏，有三个控制窗口按钮：最小化、还原按钮、关闭按钮，显示在功能区选项卡的右侧。

6. 视图切换按钮

Excel 中视图方式指工作簿的不同显示方式。工作簿视图有普通、页面布局、分页预览、全屏显示、自定义视图 5 种。在状态栏右侧有视图方式的切换按钮，从左至右依次是普通、页面布局、分页预览。

4.2 工 作 簿

4.2.1 工作簿的基本操作

1. 新建工作簿

Excel 2010 中可以创建空白工作簿，也可以利用模板新建工作簿。

（1）创建空白工作簿

创建空白工作簿可以使用下列方法：

① 选择"文件"选项卡→"新建"→"空白工作簿"→"创建"，如图 4-4 所示。

② 快捷键 Ctrl+N。

图 4-4 新建空白工作簿

（2）利用模板新建工作簿

默认情况下，在启动 Excel 2010 的同时，软件利用其内置的"空白工作簿"模板创建空白工作簿文档。此外，Excel 还提供了许多表格模板，如"样本模板"和"Office.com 模板"。例如，利用"样本模板"创建"贷款分期偿还计划表"，实现方法为：选择"文件"选项卡→"新建"→"样本模板"→"贷款分期付款"→"创建"，如图 4-5 所示。

图 4-5 利用模板创建工作簿

2. 保存工作簿

为了防止电脑、系统或 Excel 2010 出现意外（例如死机、意外退出等），造成录入数据丢失，建议用户现将创建的空白文档保存起来，并在操作过程中养成随时保存文档的习惯。保存工作簿包括新工作簿保存、换名保存和用原名保存3种情况。

（1）新工作簿保存

新工作簿的保存主要有以下4种方法：

① 单击"快速访问工具栏"上的"保存"按钮。

② 选择"文件"选项卡→"保存"命令。

③ 按快捷键 Ctrl+S。

④ 选择"文件"选项卡→"另存为"命令。

文件第一次保存时，会弹出"另存为"对话框，如图4-6所示。默认的保存位置是文档库中的"我的文档"，可以通过导航窗格或地址栏选择保存位置；在"文件名"文本框中输入文件主名，扩展名不必更改，单击"保存"按钮完成保存。默认的保存类型为"Excel工作簿"，扩展名为 xlsx。

图 4-6 "另存为"对话框

（2）现名保存

若工作簿不是第一次保存，无论单击"保存"按钮，还是选择"文件"选项卡→"保存"命令，都只是将对工作簿所做的修改内容以原名保存，不会弹出"另存为"对话框。

（3）换名保存

选择"文件"选项卡→"另存为"命令，可实现工作簿的换名保存，换名后的工作簿将成为当前工作簿，而原名字的工作簿自动关闭。

3. 关闭工作簿

关闭工作簿窗口，并不退出 Excel 应用程序，可以使用下列方法：

① 选择"文件"选项卡→"关闭"命令。

② 按快捷键 Ctrl+F4。

③ 单击工作簿窗口的"关闭窗口"按钮。

④ 工作簿窗口还原时，双击工作簿窗口控制菜单图标。

⑤ 工作簿窗口还原时，单击工作簿窗口控制菜单图标，弹出控制菜单，从中选择"关闭"命令。

4. 打开工作簿

① 在 Excel 应用程序窗口中打开工作簿。启动 Excel 后，打开一个现有的工作簿，可以选择"文件"选项卡→"打开"命令或者按快捷键 Ctrl+O，弹出"打开"对话框（如图 4-7 所示）。

图 4-7 "打开"对话框

② 在未启动 Excel 的情况下，可以先找到现有工作簿，再双击对应的文件图标，则在打开 Excel 应用程序窗口的同时打开了该工作簿窗口。

4.2.2 工作簿的管理与保护

1. 工作簿窗口的隐藏和显示

（1）隐藏工作簿窗口

打开需要隐藏的工作簿文档，切换到"视图"选项卡，单击"窗口"组中的"隐藏"按钮（如图 4-8 所示），即可隐藏工作簿文档，效果如图 4-9 所示。工作簿窗口区变成灰色，"隐藏"按钮自动变成"取消隐藏"。

图 4-8 "隐藏窗口"选项

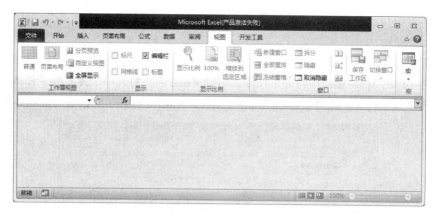

图 4-9　隐藏工作簿窗口效果图

(2) 取消隐藏的窗口

打开被隐藏的工作簿文档，切换到"视图"选项卡，单击"窗口"组中的"取消隐藏"按钮，打开"取消隐藏"对话框，选中需要取消隐藏的工作簿文档名称，单击"确定"按钮即可。

2. 工作簿的加密与解密

通过设置密码，要求用户输入正确的密码才能打开或编辑工作簿文档中的工作表，也可以对工作簿起到保护作用。

(1) 为工作簿设置密码

打开需要保护的工作簿，在"另存为"对话框中，单击"工具"按钮，在随后出现的下拉菜单中，选择"常规选项"，打开"常规选项"对话框（如图4-10所示）。根据需要，在"打开权限密码"或"修改权限密码"后面的方框中输入密码，单击"确定"按钮，再次确认输入密码，保存工作簿文档即可。

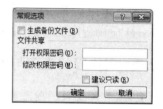

图 4-10　设置工作簿文件权限密码

(2) 打开加密的工作簿文档

打开设置了密码保护的工作簿文档时，会弹出相应的密码输入对话框，输入正确的密码并单击"确定"按钮后，就会打开已经加密的工作簿文档。设置了"修改权限密码"的工作簿文档，只有输入了正确的修改权限密码才能修改文档，否则只能浏览。

(3) 清除密码

打开设置了密码的工作簿文档，再次打开"另存为"对话框，调出"常规选项"对话框，清除其中的密码，再保存文档即可。

3. 工作簿的保护

(1) 保护工作簿

启动 Excel 2010，打开需要保护的工作簿文档。切换到"审阅"选项卡菜单中，单击"更改"组中的"保护工作簿"按钮，打开"保护结构和窗口"对话框。如果要保护工作簿的结构，就选中其中的"结构"选项；如果要保护工作簿窗口，就选中其中的"窗口"选项；也可以两者都选。再根据实际需要添加密码，设置完成后，单击"确定"按钮即可。

（2）取消工作簿保护

切换到"审阅"功能选项卡，再次单击"更改"组中的"保护工作簿"按钮即可。如果已经设置了密码，必须提供正确的密码才能取消保护。

4.2.3 工作表的基本操作

工作表的基本操作包括工作表的选定、重命名、移动、复制、插入与删除等。

1. 选定工作表

选定工作表包括选定一个工作表、相邻的多个工作表、不相邻的多个工作表和全部工作表，操作方法见表4-1。

表4-1 选定工作表的方法

选定范围	操作方法
一个工作表	单击需要选定的工作表标签
相邻的多个工作表	单击第一个工作表的标签，按Shift键并单击最后一个工作表标签
不相邻的多个工作表	按住Ctrl键，依次单击工作表标签
全部工作表	右击任意一个工作表标签，在快捷菜单中选择"选定全部工作表"

2. 重命名工作表

根据工作表数据的性质，重新对工作表命名，有助于快速了解工作表，操作方法为：

① 双击工作表标签，输入工作表名称，再按Enter键，或单击任意单元格。

② 右键单击工作表标签，在打开的快捷菜单中选择"重命名"，工作表标签名反向显示，输入工作表的新名字，按Enter键，或单击任意单元格。

3. 插入工作表

插入工作表，是在指定的工作表之前插入一个新工作表。新工作表标签在当前工作表标签左侧显示。可以使用下列方法：

① 按快捷键Shift+F11。

② 选择"开始"选项卡→"单元格"组→"插入"下拉按钮→"插入工作表"。

③ 右键单击工作表标签，在快捷菜单中选择"插入"，弹出"插入"对话框，如图4-11所示，选择"工作表"，单击"确定"按钮。

图4-11 工作表"插入"对话框

4. 删除工作表

选定要删除的工作表，选择"开始"选项卡→"单元格"组→"删除"下拉按钮→"删除工作表"，或者右键单击工作表标签，在快捷菜单中，选择"删除"命令。

5. 移动或复制工作表

移动工作表，是将源工作表移至指定工作簿的指定工作表之前。复制工作表，是将源工作表复制到指定工作簿的指定工作表之前，生成副本。在同一个工作簿中移动或复制工作表时，可以直接拖动源工作表标签到目标位置，实现移动；在不同工作簿之间实现工作表的移动或复制操作，可以利用"移动或复制工作表"对话框实现。

要将工作簿 2 中的 Sheet2 工作表复制到工作簿 1 的 Sheet1 工作表之前，实现步骤如下：

① 同时打开两个工作簿：源工作簿"工作簿 2"、目标工作簿"工作簿 1"。

② 选定源工作表，即工作簿 2 中的 Sheet2，右击，在快捷菜单中选择"移动或复制"，弹出"移动或复制工作表"对话框，如图 4-12 所示。

③ 先选择目标工作簿"工作簿 1"，再选择目标工作表 Sheet1。

④ 选择"建立副本"复选框，最后单击"确定"按钮。

图 4-12 移动或复制工作表

在工作簿 1 的 Sheet1 之前生成了 Sheet2(2) 工作表。如果不选择"建立副本"选项，实现的是工作表的移动操作。

6. 显示和隐藏工作表

对于有些工作表，如果其内容不希望其他用户浏览，可以将其隐藏起来，当希望看到时，再将其显示出来，效果如图 4-13 所示。

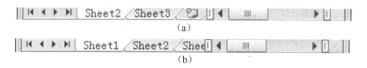

图 4-13 隐藏/显示工作表效果图
(a) 隐藏前；(b) 隐藏后

(1) 隐藏工作表

① 右键单击需要隐藏的工作表名称，在最后出现的快捷菜单中选择"隐藏"选项即可。

② 切换到需要隐藏的工作表中，在"开始"功能选项卡中，单击"单元格"组中的"格式"按钮，在随后出现的下拉菜单中依次选择"隐藏和取消隐藏"→"隐藏工作表"。

(2) 显示工作表

在任意工作表名称上右击鼠标，在随后出现的快捷菜单中，选取"取消隐藏"选项，打开"取消隐藏"对话框，选中需要重新显示的工作表名称，单击"确定"即可。

7. 拆分工作表窗口

在浏览过宽、过长的工作表时，有时需要对比查看上下或左右的数据，反复拖动滚动条很不方便。可以采用窗口拆分的方法，让不同区域中的数据都能显示到当前窗口中。

① 打开相应的工作表，选中工作表中任意一个单元格，切换到"视图"选项卡，单击

"窗口"组中的"拆分"按钮,即可将当前窗口拆分成 4 个显示区域,如图 4-14 所示。拆分后的每个区域都可以单独调整,达到在一个窗口中浏览多个区域中数据的目的。

② 把鼠标指针指向垂直滚动条顶端或水平滚动条右端的拆分框,当指针变为拆分指针 ÷ 或 ┽ 时,将拆分框向下或向左拖至所需的位置。要取消拆分,可双击分割窗格的拆分条的任何部分。

再次单击"拆分"按钮,或者将鼠标移至窗口拆分线上双击,可以清除拆分窗口效果。

8. 工作表的保护

选中需要保护的工作表,切换到"审阅"功能选项卡中,单击"更改"组中的"保护工作表"按钮,打开"保护工作表"对话框,如图 4-15 所示。在该对话框中设置工作表保护的密码和允许所有用户进行的操作等,进行相应的选择和设置后,单击"确定"按钮即可完成工作表的保护。

图 4-14 拆分窗口效果图　　　　　图 4-15 保护工作表

4.3 数据录入与修改

4.3.1 单元格、行、列的选择

1. 单元格的选择

Excel 中的操作均以"先选定,后操作"为原则。单元格是工作表的基本单位,单元格的正确选定是其他工作的基础,操作方法见表 4-2。

表 4-2 单元格的选定操作

选定单元格	操作方法
选定一个单元格	单击某一单元格
	在"名称框"输入单元格的名称后,按 Enter 键
选定连续多个单元格	当鼠标指针呈 ✥ 状时,拖动鼠标可以选定一个单元格区域
	单击第一个单元格,按 Shift 键并单击最后一个单元格。可以选定一个矩形区域内的所有单元格,该区域以第一个和最后一个为对角单元格

续表

选定单元格	操作方法
选定不连续的单元格	单击第一个单元格，Ctrl+依次单击其他单元格
选定所有单元格	单击"全选按钮"
	按快捷键 Ctrl+A

2. 行的选定（表4-3）

表4-3 行的选定操作

选定行	操作方法
选择连续多行	拖拉法：从起始行行号开始，按住鼠标左键向下（或上）拖拉至结束行行号
	名称法：若要选中第3行，可以先在名称框中输入"3:3"，然后按下 Enter 键
	Shift 键法：将鼠标移动到起始行行号处单击，然后按住 Shift 键，同时将鼠标移至结束行行号上并单击
	名称法：在"名称框"中输入"3:6"，然后按下 Enter 键即可选中第3~6行
选择不连续多行	Ctrl 键法：将鼠标移动到起始行行号处单击，然后按住 Ctrl 键的同时，将鼠标移至结束行行号上单击

3. 列的选定（表4-4）

表4-4 列的选定操作

选定列	操作方法
选择某一列	名称法：若要选中B列，可以先在名称框中输入"B:B"，然后按下 Enter 键
选择连续多列	拖拉法：从起始列列号开始，按住鼠标左键向右（或左）拖拉至结束列列号
	Shift 键法：将鼠标移动到起始列列号处单击，然后按住 Shift 键，同时将鼠标移至结束列列号上并单击
	名称法：在"名称框"中输入"B:E"，然后按下 Enter 键即可选中 B~E 列
选择不连续多列	Ctrl 键法：将鼠标移动到起始列列号处单击，然后按住 Ctrl 键的同时，将鼠标移至结束列列号上单击

4.3.2 数据的录入与编辑

1. 单元格数据的录入

Excel 中的数据有文本型、数值型、日期型、时间型、逻辑型等多种类型，不同类型的数据有各自的输入方法，在单元格中的默认对齐方式也不同。

（1）录入文本型数据

文本型数据由汉字、字母、数字等各种符号组成。文本型数据在单元格中默认的对齐方式为水平方向左对齐。单击某单元格，输入文本内容，按 Enter 键。数字文本在输入时，要先键入一个英文半角状态的单引号"'"。如输入身份证号"220342197011094322"，正确的方法为"'220342197011094322"。

（2）录入数值型数据

数值型数据一般由数字、正负号、小数点、货币符号$或￥、百分比%、指数符号 E 或 e 等组成。数值型数据的特点是可以进行算术运算。数值型数据在单元格中默认的对齐方式为水平方向右对齐。

（3）填充序列

Excel 提供了对有规律的数据进行自动填充的功能，可以填充数值序列、日期序列和文本序列。填充序列一般使用两种方法：拖动填充柄和使用"序列"对话框。

填充柄是所选定的单元格右下角的一个黑色小方块，当移动鼠标到填充柄时，鼠标指针呈"+"形状，此时拖动鼠标左键可以进行序列的填充、公式和数据的复制。

【例 4-1】 在 A2:A6 单元格区域填充一个"学号"序列，学号起始值为"0804130101"

操作步骤如下。

① 单击序列开始单元格 A2，输入数字文本"'0804130101"，按 Enter 键。

图 4-16 序列填充示例

② 拖动单元格 A2 的填充柄到 A6，则在 A2~A6 单元格区域内填充了一个数字文本序列，如图 4-16 所示。

【例 4-2】 实现等比序列的填充。

操作步骤如下。

① 在起始单元格中输入初始数值（如 2），按 Enter 键后，再单击该单元格。

② 选择"开始"选项卡→"编辑"→"填充"按钮→"系列"，弹出"序列"对话框。

图 4-17 "序列"对话框

③ 选择"序列产生"在"列"、"类型"为"等比序列"，输入步长值和终止值，如图 4-17 所示。

2. 单元格内容的修改

① 直接在单元格中修改：双击要修改内容的单元格，在单元格中修改。

② 在编辑栏中修改：单击要修改内容的单元格，再单击编辑栏，在编辑栏中修改。

3. 单元格内容的删除

① 选定要删除内容的单元格。

② 选择"开始"选项卡→"编辑"组→"清除"下拉按钮→"清除内容",或按 Delete 键,均可删除单元格中的内容。

4. 单元格的复制/移动

单元格复制和移动的操作方法与 Word 中文本的复制和移动相似。首先选定要复制或移动的单元格,然后按照表 4-5 中所列的方法,实现单元格的复制或移动。

表 4-5 单元格的复制和移动方法

操作方式	复 制	移 动
功能区	选择"开始"选项卡→"剪贴板"组→"复制"命令;定位目标位置;选择"开始"选项卡→"剪贴板"组→"粘贴"	选择"开始"选项卡→"剪贴板"组→"剪切"命令;定位目标位置;选择"开始"选项卡→"剪贴板"组→"粘贴"
快捷菜单	右击,在快捷菜单中选择"复制",定位目标位置,右击,选择"粘贴"	右击,在快捷菜单中选择"剪切",定位目标位置,右击,选择"粘贴"
键盘方式	按快捷键 Ctrl+C,定位目标位置,按快捷键 Ctrl+V	按快捷键 Ctrl+X,定位目标位置,按快捷键 Ctrl+V
鼠标方式	移动鼠标至单元格的边框线上,鼠标指针呈✥状,按住 Ctrl 键拖动到目标位置	移动鼠标至单元格的边框线上,鼠标指针呈✥状,拖动到目标位置

在 Excel 中,鼠标指针呈现不同的形状时,拖动鼠标实现的操作也不同,见表 4-6。

表 4-6 拖动鼠标可以实现的操作

鼠标形状	出现位置	拖动鼠标实现的操作
✚	单元格框线内	选定单元格
＋	单元格右下角	填充单元格
✥	单元格框线上	拖动则移动单元格;按 Ctrl 键并拖动则复制单元格

【例 4-3】 建立员工信息表。

实验目的:

① 掌握各种数据的输入方法。

② 掌握单元格的选定、复制、移动、清除内容等操作。

③ 掌握工作表的插入、删除、复制、移动、重命名等操作。

实验内容:

① 新建工作簿"员工信息.xlsx",将 Sheet1 工作表改名为"档案管理表"。

② 按样文输入数据,如图 4-18 所示。

③ 将"档案管理表"前 A 列、B 列、C 列、K 列复制到工作表 Sheet2 中,并将工作表 Sheet2 改名为"基本信息表"。

④ 复制"档案管理"工作表,并将其复制的副本改名为"档案备份"。

	A	B	C	D	E	F	G	H	I	J	K
1	员工档案管理表										
2	编号	姓名	性别	年龄	学历	专业	所在部门	所属职位	户口所在地	身份证	入职时间
3	001	王凯迪	男	30	本科	设计	企划部	员工	吉林	220625198411056245	2010/5/6
4	002	孔骞	男	35	本科	财会	财务部	员工	黑龙江	240456197901057890	2002/8/3
5	003	冯文喧	男	30	本科	中文	行政部	员工	上海	120354198406151112	2010/7/1
6	004	刘寒静	女	25	高中	市场营销	销售部	业务员	青岛	333120198905264187	2013/10/1
7	005	汪宇	女	28	大专	市场营销	销售部	业务员	济南	410123198606012223	2013/7/1
8	006	陈鹏	男	34	本科	设计	企划部	部门经理	北京	100189198012264567	2008/7/1
9	007	邵奇	男	29	高中	市场营销	销售部	业务员	吉林	220103198502146523	2008/4/10
10	008	林世民	男	36	大专	市场营销	销售部	业务员	杭州	401102197906234231	2003/3/11
11	009	郑华俊	男	37	硕士	电子工程	网络安全部	员工	长春	220123197711019874	2000/6/1
12	010	赵方亮	男	31	硕士	计算机	网络安全部	部门经理	上海	120354198306151112	2009/4/7
13	011	赵雪竹	女	27	本科	电子商务	行政部	员工	合肥	342701198702138528	2009/5/1
14	012	赵越	女	37	本科	计算机	行政部	员工	四川	610789197701051245	2000/3/5
15	013	姜柏旭	男	27	大专	市场营销	销售部	业务员	青岛	341652198704123654	2011/5/10
16	014	谈政	男	32	本科	设计	企划部	员工	杭州	521125198203010115	2004/5/1
17	015	蔡大千	男	39	硕士	财会	财务部	总监	沈阳	230222197512010001	1998/6/5
18	016	蔡超群	女	33	大专	市场营销	销售部	业务员	大连	510123198110016543	2005/4/1

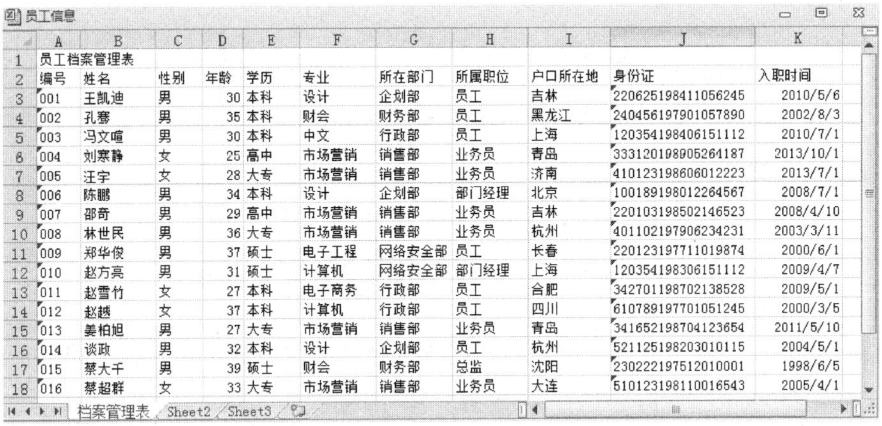

图 4-18 "档案管理表"样本

操作步骤：

① 建立并保存工作簿。启动 Excel，按 Ctrl+S 组合键，弹出"另存为"对话框，将"工作簿 1"保存为"员工信息 . xlsx"。

② 重命名 sheet1 工作表。右击 Sheet1 标签，选择"重命名"，输入"档案管理表"，按 Enter 键。

③ 按样文输入数据。

输入编号序列：单击 A2 单元格，输入"'001"，确认输入后，拖动 A2 单元格的填充柄到到 A18。

输入身份证号：I3：I18 中为身份证号，应输入数字字符。单击 K3 单元格，输入"'220625198411056245"，其他单元格的操作方法相同。

输入日期型数据：K3：K18 中为日期型数据，日期型数据可以输入 1996-08-12 形式，也可以输入 1996/8/12 形式。

在其余单元格中输入对应的文本字符。

④ 复制单元格。

拖动鼠标选定 A1：C18 单元格区域，按住 Ctrl 键，同时拖动选择 C1：C18 单元格区域，选择"剪贴板"组中的"复制"按钮，单击 Sheet2 标签，单击 A1 单元格，选择"剪贴板"组中的"粘贴"按钮。

⑤ 重命名工作表 Sheet2。右击 Sheet2 标签，单击"重命名"，输入"基本信息"，按 Enter 键。效果如图 4-19 所示。

⑥ 复制工作表。右击"档案管理表"工作表标签，单击"移动或复制"→"移至最后"，勾选"建立副本"复选框，单击"确定"按钮。

⑦ 重命名工作表。右击"档案管理表（2）"工作表标签，单击"重命名"，输入"档案备份"，按 Enter 键。效果

	A	B	C	D
1	员工档案管理表			
2	编号	姓名	性别	入职时间
3	001	王凯迪	男	2010/5/6
4	002	孔骞	男	2002/8/3
5	003	冯文喧	男	2010/7/1
6	004	刘寒静	女	2013/10/1
7	005	汪宇	女	2013/7/1
8	006	陈鹏	男	2008/7/1
9	007	邵奇	男	2008/4/10
10	008	林世民	男	2003/3/11
11	009	郑华俊	男	2000/6/1
12	010	赵方亮	男	2009/4/7
13	011	赵雪竹	女	2009/5/1
14	012	赵越	女	2000/3/5
15	013	姜柏旭	男	2011/5/10
16	014	谈政	男	2004/5/1
17	015	蔡大千	男	1998/6/5
18	016	蔡超群	女	2005/4/1

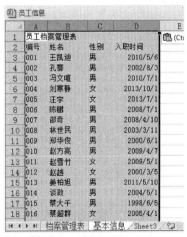

图 4-19 基本信息表

如图 4-20 所示。

图 4-20　重命名工作表效果

⑧ 保存关闭文档。

4.4　工作表格式化

工作表的格式化，就是对表中数据所在的单元格区域设置各种格式，为单元格设置边框与底纹等。格式化操作是通过功能区"开始"选项面板中"字体""对齐方式""数字""样式""单元格"命令组中的相关选项来实现的，如图 4-21 所示。

图 4-21　"开始"选项卡

4.4.1　"单元格"格式设置

1. "字体"设置

"字体"命令组中的功能按钮，主要为选定的单元格区域设置字体、字形、字号、字体颜色、下划线、上下标等格式。单击"字体"命令组旁边的对话框启动器按钮，打开如图 4-22 所示的"字体"选项卡，在该选项卡中可对选中单元格的字体格式进行设置。

2. 添加边框

利用"字体"组中的命令选项，还可以设置选定单元格区域的边框样式。单击该按钮，在展开的下拉列表中选择对应的边框样式即可。如果在该列表中选择了"其他边框样式"，则会打开如图 4-23 所示的"边框"选项卡，可以在该选项卡中设置单元格区域的内、外边框。

图 4-22　"字体"选项卡

图 4-23　"边框"选项卡

3. 添加底纹

利用"字体"组中的"填充颜色"按钮 命令选项，也可以为单元格区域填充背景颜色。或者在"设置单元格格式"对话框中，单击"填充"选项卡（图4-24），可以设置单元格的背景色和图案。

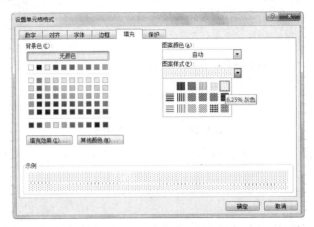

图 4-24 "填充"选项卡

4. "对齐方式"设置

"对齐方式"命令组中的功能按钮，主要为选定的单元格区域设置字符对齐方式。单击"对齐方式"命令组旁边的对话框启动器按钮 ，单击如图4-25所示的"对齐"选项卡，在该选项卡中设置需要的单元格对齐方式，单击"确定"按钮即可。

图 4-25 "对齐"选项卡

5. "数字"格式设置

"数字"命令组中的功能按钮，主要为选定的单元格区域设置数字格式，包括数据类型、小数位数等。单击"数字"命令组旁边的对话框启动器按钮 ，打开如图4-26所示的"数字"选项卡，在该选项卡中能够对数字格式进行更为详尽的设置。

图 4-26 "数字"选项卡

4.4.2 样式设置

1. 条件格式

条件格式是对含有数值或公式的单元格进行有条件的格式设定,当符合条件时,将以数据条、色阶、图标集等形式突出显示单元格,达到强调异常值、实现数据的可视化效果。

【例 4-4】 在 C3:C8 单元格中,为大于 6000 的单元格设置条件格式:字形"加粗""倾斜";小于 500 的单元格设置"浅红填充色深红色文本"。

操作步骤如下。

① 选定要设置条件格式的单元格区域 C3:C8。

② 选择"开始"选项卡→"样式"组→"条件格式"→"突出显示单元格规则"→"大于",弹出"大于"对话框,如图 4-27 所示。在文本框中输入"6000",在"设置为"下拉列表中选择"自定义格式",弹出"设置单元格格式"对话框,在"字体"选项卡中设置字形为加粗、倾斜,单击"确定"按钮,返回到"大于"对话框。最后单击"确定"按钮。

③ 选择"开始"选项卡→"样式"组→"条件格式"→"突出显示单元格规则"→"小于",弹出"小于"对话框,如图 4-28 所示。在文本框中输入"500",在"设置为"下拉列表中选择"浅红填充色深红色文本",单击"确定"按钮。

图 4-27 "大于"对话框   图 4-28 "小于"对话框

2. 套用表格格式

套用表格格式是将 Excel 预定义的表格样式应用到选定的单元格区域中,从而方便、快捷地设置单元格格式,并将其转换为表。操作方法为:首先选定需要设置格式的单元格区域,然后选择"开始"选项卡→"样式"组→"套用表格格式"下拉按钮,弹出"套用表格格式"下拉列表，如图 4-29 所示，在列表中选择需要的格式选项即可。

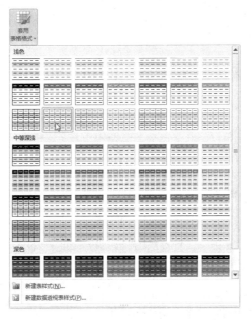

图 4-29 "套用表格格式"下拉列表

4.4.3 单元格设置

1. 单元格、行、列的插入

（1）插入单元格

选定一个或相邻的多个单元格，选择"开始"选项卡→"单元格"组→"插入"下拉按钮→"插入单元格"，弹出"插入"对话框。若选择"活动单元格下移"，则在原选定单元格上方插入了相同数量的单元格。

（2）插入行

选定一行或连续多行，选择"开始"选项卡→"单元格"组→"插入"下拉按钮→"插入工作表行"，则在选定行的上方插入了相同数量的空行。

（3）插入列

选定一列或连续多列，选择"开始"选项卡→"单元格"组→"插入"下拉按钮→"插入工作表列"，则在选定列的左侧插入了相同数量的空列。

2. 单元格、行、列的删除

（1）删除单元格

选定一个或相邻的多个单元格，选择"开始"选项卡→"单元格"组→"删除"下拉按钮→"删除单元格"，弹出"删除"对话框。若选择"右侧单元格左移"，则原选定单元格右侧相同数量的单元格左移至原选定位置，而原选定的单元格被删除。

（2）删除行

选定一行或连续多行，选择"开始"选项卡→"单元格"组→"删除"下拉按钮→"删除工作表行"，则所选定的行都被删除。

(3) 删除列

选定一列或连续多列,选择"开始"选项卡→"单元格"组→"删除"下拉按钮→"删除工作表列",则所选定的列都被删除。

3. 设置行高和列宽

Excel 中的单元格具有默认的行高和列宽,用户可以根据需要设置单元格的行高和列宽,设置的方法见表 4-7。

表 4-7 行高、列宽的调整方法

操作方式	行　高	列　宽
鼠标拖动	鼠标移动至行与行分隔线,鼠标指针呈✚状,拖动调整行高	鼠标移动至列与列分隔线,鼠标指针呈✚状,拖动调整列宽
对话框	选择"开始"选项卡→"单元格"组→"格式"下拉按钮→"行高",弹出"行高"对话框,输入行高值	选择"开始"选项卡→"单元格"组→"格式"下拉按钮→"列宽",弹出"列宽"对话框,输入列宽值
自动调整行高、列宽	选择"开始"选项卡→"单元格"组→"格式"下拉按钮→"自动调整行高"	选择"开始"选项卡→"单元格"组→"格式"下拉按钮→"自动调整列宽"

4. 清除单元格的格式

选定要清除格式的单元格,选择"开始"选项卡→"编辑"组→"清除"下拉按钮→"清除格式",可以在保留单元格数据的同时,清除单元格的所有格式。

5. 网格线的隐藏

打开"Excel 选项"对话框,切换到"高级"选项中,在"此工作表的显示选项"中清除"显示网格线"前面复选框中的对号,单击"确定"按钮返回即可,如图 4-30 所示。

图 4-30　隐藏网格线

4.4.4　工作表背景设置

1. 为工作表添加图片背景

切换到"页面布局"菜单选项卡中,单击"页面设置"组中的"背景"按钮,打开"工作表背景"对话框,如图 4-31 所示。定位到背景图片所在的文件夹中,选中相应的图片，单击“插入”按钮返回，即可将选中的图片作为工作表的背景。

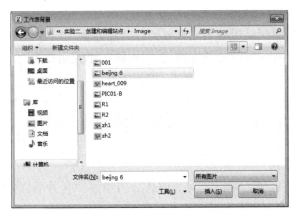

图 4-31　设置工作表图片背景

2. 删除工作表的图片背景

为工作表添加了背景图片后，原来的“背景”按钮智能化地转换成了“删除背景”，单击此按钮，即可清除工作表背景。

【例 4-5】　实战演练——美化员工信息表。

实验目的：

① 掌握单元格格式的设置方法；

② 掌握套用表格格式的方法。

3. 掌握条件格式的设置方法

实验内容：

打开工作簿“员工信息 . xlsx”，复制工作表“档案管理表”，将复制副本改名为“格式化档案管理表”。按如下要求对“格式化档案管理表”进行格式化，样文如图 4-32 所示。

员工档案管理表

编号	姓名	性别	年龄	学历	专业	所在部门	所属职位	户口所在地	身份证	入职时间
001	王凯迪	男	30	本科	设计	企划部	员工	吉林	220625198411056245	2010年5月6日
002	孔骞	男	35	本科	财会	财务部	员工	黑龙江	240456197901057890	2002年8月3日
003	冯文喧	男	30	本科	中文	行政部	员工	上海	120354198406151112	2010年7月1日
004	刘寒静	女	25	高中	市场营销	销售部	业务员	青岛	333120198905264187	2013年10月1日
005	汪宇	女	28	大专	市场营销	销售部	业务员	济南	410123198606012223	2013年7月1日
006	陈鹏	男	34	本科	设计	企划部	部门经理	北京	100189198012264567	2008年7月1日
007	邵奇	男	29	高中	市场营销	销售部	业务员	吉林	220103198502146523	2008年4月10日
008	林世民	男	36	大专	市场营销	销售部	业务员	杭州	401102197906234231	2003年3月11日
009	郑华俊	男	37	硕士	电子工程	网络安全部	员工	长春	220123197711019874	2000年6月1日
010	赵方亮	男	31	硕士	计算机	网络安全部	部门经理	上海	120354198306151112	2009年4月7日
011	赵雪竹	女	27	本科	电子商务	行政部	员工	合肥	342701198702138528	2009年5月1日
012	赵越	女	37	本科	计算机	行政部	员工	四川	610789197701051245	2000年3月5日
013	姜柏旭	男	27	大专	市场营销	销售部	业务员	青岛	341652198704123654	2011年5月10日
014	谈政	男	32	本科	设计	企划部	员工	杭州	521125198203010115	2004年5月1日
015	蔡大千	男	39	硕士	财会	财务部	总监	沈阳	230222197512010001	1998年6月5日
016	蔡超群	女	33	大专	市场营销	销售部	业务员	大连	510123198110016543	2005年4月1日

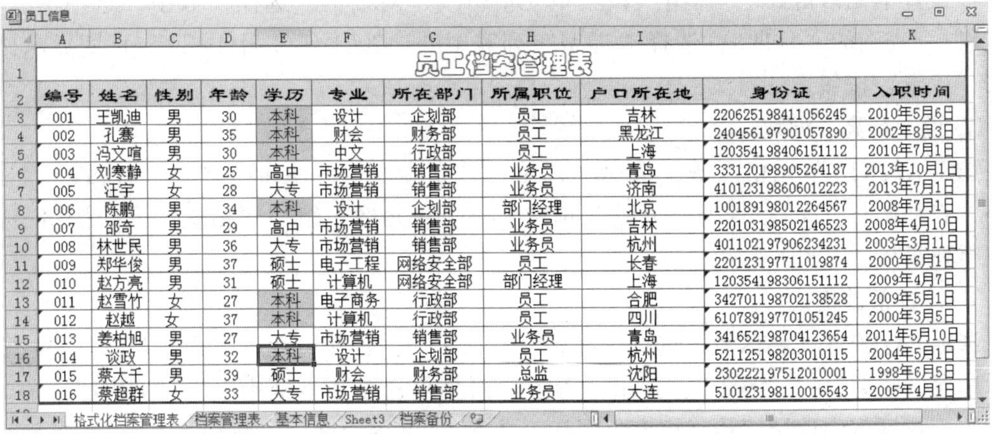

图 4-32　格式化档案管理表样文

① 标题设置：合并单元格且水平居中，设置华文彩云、红色、20 磅。

② 将 A1:K18 单元格区域设置表格外边框为蓝色粗实线，内边框为绿色单实线。

③ 将 A2:K2 单元格区域设置隶书、16 磅、黄色底纹、水平居中。

④ 将 A3:K18 单元格区域设置宋体、12 磅、水平居中。

⑤ 将 K3:K18 单元格区域设置"****年**月**日"显示格式。

⑥ 将 A2:K18 单元格区域设置自动调整的行高和列宽。

⑦ 将 E3:E18 单元格区域设置条件格式,"本科"单元格设置为"浅红填充色深红色文本"。

操作步骤:

① 启动 Excel,打开"员工信息"工作簿,复制"档案管理表",将其副本改名为"格式化档案管理表"。

② 设置标题文字格式:

选定 A1:K1 单元格区域,单击"对齐方式"组中的"合并后居中"按钮。利用"字体"组,设置 A1 单元格为华文彩云、红色、20 磅。

③ 添加边框:

选定 A2:K18 单元格区域,选择"开始"选项卡→"字体"组→"边框"下拉按钮→"其他边框",弹出"设置单元格格式"对话框。在"边框"选项卡中,选择"粗实线""蓝色",单击预置"外边框";选择"单实线""绿色",单击预置"内部"按钮;最后单击"确定"按钮。

④ 添加底纹:

选定 A2:K2 单元格区域,单击"字体"组中的"填充颜色"下拉按钮,选择"黄色"。利用"字体"组,设置字体为隶书、字号为 16 磅。单击"对齐方式"组中的"居中"按钮。

⑤ 选定 A3:K18 单元格区域,设置宋体、12 磅、水平居中。

⑥ 设置日期格式:

选定 K3:K18 单元格区域,选择"开始"选项卡→"单元格"组→"格式"下拉按钮→"设置单元格格式",弹出"设置单元格格式"对话框,选择"数字"选项卡。单击"分类"列表中的"日期",选择"类型"列表中的"2001年3月14日"日期显示格式,单击"确定"按钮。

⑦ 设置行高、列宽:

选定 A2:K18 单元格区域,选择"开始"选项卡→"单元格"组→"格式"下拉按钮→"自动调整行高"。选择"开始"选项卡→"单元格"组→"格式"下拉按钮→"自动调整列宽"。

⑧ 设置条件格式:

选定 E3:E9 单元格区域,选择"开始"选项卡→"样式"组→"条件格式"→"突出显示单元格规则"→"等于",弹出"等于"对话框,在文本框中输入"TRUE",在"设置为"下拉列表中选择"浅红填充色深红色文本",单击"确定"按钮。

⑨ 保存并关闭文档。

4.5 函数和公式

4.5.1 函数

Excel 2010 为用户提供了 13 种函数,利用函数可以高效地完成许多运算,包括财务函数、数学与三角函数、日期与时间函数、数据库函数、查找与引用函数、逻辑函数等。

1. 函数格式

函数一般由函数名和参数表两部分组成,如 SUM(A1,B1,C1)。函数名中的大小写字母等价;参数表是由英文逗号分隔的若干个参数组成的,参数可以是常数、单元格名称、单元格区域,还可以是函数值。

2. 单元格的引用

在函数式中,用得最多的就是单元格(区域)的引用。对单元格的引用通常有以下三种类型。

(1) 相对引用

直接用引用的单元格(区域)地址(如 A8,A8:A18)作为函数式的参数称为单元格的"相对引用"。使用了"相对引用"单元格的函数式,如果复制到其他单元格中,其中引用的单元格的地址也会随着函数式单元格位置的变化而自动发生相对变化。例如,将 G2 单元格中的函数式"=SUM(C2:F2)"复制到 G3 单元格中时,公式将自动调整为"=SUM(C3:F3)"。

(2) 绝对引用

在引用单元格的地址行和列号前面加上一个"$"符号,例如 A$8,$A$8:$A$18等,这样的引用称为单元格的"绝对引用"。使用了"绝对引用"单元格的函数式,无论移动或复制到任何单元格,引用的单元格地址都不会随函数式单元格位置的改变而改变。例如,将 G2 单元格中的函数式"=SUM($C$2:$F$2)"复制到 G3(或其他)单元格中时,公式仍然是"=SUM($C$2:$F$2)"。

(3) 混合引用

如果引用单元格的地址时,有些是相对引用的,有些是绝对引用的,则称为"混合引用",例如 A$8,$A8:$A18等。使用了"混合引用"单元格的函数式,移动或复制到其他单元格中后,绝对引用的地址不会改变,而相对引用的地址会随着函数式单元格位置的改变而自动地相对调整。例如,将 G2 单元格中的函数式"=SUM($C2:F$2)"复制到 H3 单元格中时,公式自动调整为"=SUM($C3:G$2)"。

3. 常用函数

Excel 2010 为广大用户内置了 13 类 400 余种函数,供用户直接调用。下面将对一些类别的常用函数及功能进行说明。表 4-8 所示的是常用日期与时间函数,表 4-9 所示的是常用数学和三角函数,表 4-10 所示的是常用统计函数,表 4-11 所示的是常用逻辑函数。

表 4-8 常用日期与时间函数功能说明

函 数	功 能	说 明
DATE(year,month,day)	给出指定数值的日期	year—指定的年份数，小余 9999；month—指定的月份数，可以大于 12；day—指定的天数，可以大于 31
DATEDIF(startdate,enddate,"y")	返回两个日期间的差值，y 处还可以是 m 或 d	startdate—开始日期；enddate—结束日期；y(m,d)—返回两个日期相差的年（月、天）数

表 4-9 常用数学和三角函数功能说明

函 数	功 能	说 明
SUM（参数表）	计算所有参数之和	SUM(1,A2:A3)等价于 1+A2+A3
INT(Number)	将数值 Number 向下取整为最接近的整数	INT(34.58)的值为 34 INT(-34.28)的值为-35
MOD(Number,Divisor)	求被除数 Number 除以除数 Divisor 的余数值，函数值符号与除数相同	MOD(15,-4)的值为-1 MOD(-15,4)的值为 1
ROUND(Number,Num_digits)	按指定位数 Num_digits 对数值 Number 进行四舍五入	ROUND(1234.58,1)的值为 1234.6

表 4-10 常用统计函数功能说明

函 数	功 能	说 明
AVERAGE(参数表)	计算各参数的平均值	AVERAGE(1,A2:A3)等价于(1+A2+A3)/3
MAX(参数表)	求各参数中的最大值	MAX(1,A2:A3)，求 1，A2，A3 中最大值
MIN(参数表)	求各参数中的最小值	MIN(1,A2:A3)，求 1，A2，A3 中最小值
COUNT(参数表)	求参数表中数字的个数	COUNT(A1:A4)，统计单元格区域 A1:A4 中数字单元格的个数
COUNTIF(Range,Criteria)	计算单元格区域 Range 中满足条件 Criteria 的单元格数目	COUNTIF(A1:A3,">=5")，计算单元格区域 A1:A3 中大于或等于 5 的单元格个数；COUNTIF(B1:B3,"计算")，计算单元格区域 B1:B3 中等于"计算"的单元格个数

表 4-11 常用逻辑函数功能说明

函 数	功 能	示 例
IF(Logical_test,Value_true,Value_false)	先判断条件 Logical_test 是否满足，如果满足，则函数返回值为 Value_true，否则返回值为 Value_false	当 C5 单元格的值大于或等于 60 时，IF(C5>=60,"及格","不及格")的值为"及格"，否则值为"不及格"

4. 函数的使用

在单元格中引用函数,可以利用"自动求和"按钮 Σ 自动求和、利用函数库、直接输入、插入函数 4 种方法。

【例 4-6】 计算"商品销售情况表"中的"合计"列和"总计"行。利用 4 种方法实现函数计算。

① 直接输入法计算"合计"。在 F3 单元格中输入公式"=SUM(B3:E3)",如图 4-33 所示。

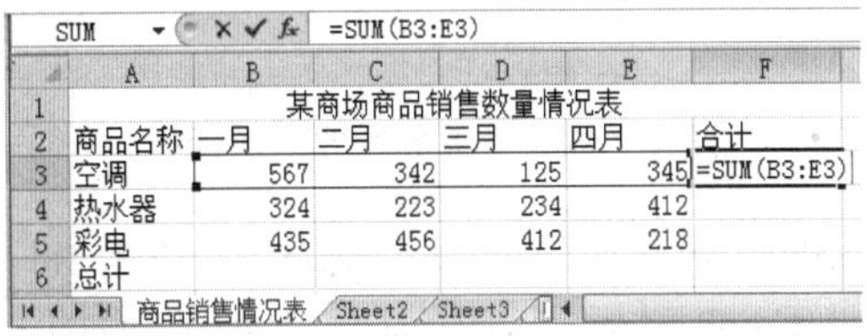

图 4-33 直接输入公式示例

② 利用"编辑"组中的"自动求和"按钮计算"合计"。

单击要放置公式的单元格 F3,单击"自动求和"的下拉按钮,在展开的函数列表中,选择"求和"。F3 中的公式如图 4-34 所示,函数参数 B3:E3 反向显示,此时需要确认函数参数是否恰当。如不恰当,可以直接输入修改,也可以拖动选择要引用的单元格区域。按 Enter 键,计算结果显示在 F3 单元格。拖动 F3 单元格的填充柄到 F5 单元格。

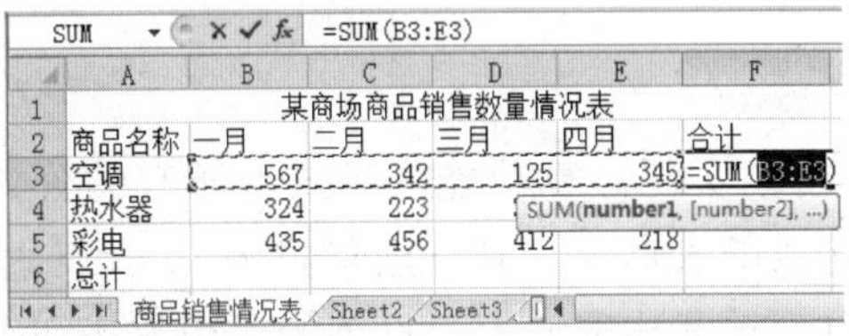

图 4-34 自动求和示例

③ 利用"插入函数"对话框计算"总计"。

单击要放置公式的单元格 B6,单击"编辑栏"左侧的"插入函数"按钮 fx,弹出"插入函数"对话框,如图 4-35 所示。选择类别为"常用函数",选择函数 SUM,单击"确定"按钮,弹出"函数参数"对话框,如图 4-36 所示,用键盘输入或者用鼠标拖动选择函数参数,单击"确定"按钮。公式的计算结果显示在单元格 B6 单元格中,拖动 B6 单元格的填充柄到 F6 单元格。

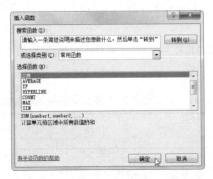

图 4-35 "插入函数"对话框

图 4-36 "函数参数"对话框

④ 利用如图 4-37 所示的"函数库"计算"总计"。单击 B6 单元格,选择"公式"选项卡→"函数库"组→"数学和三角函数"→"SUM",如图 4-37 所示,弹出"函数参数"对话框,单击"确定"按钮。

图 4-37 "函数库"组

4.5.2 公式

Excel 公式是指在单元格中实现计算功能的等式,所有的公式都必须以"="号开头,后面是由运算符和操作数构成的表达式。其一般形式为:=<表达式>。Excel 公式中的操作数可以是常数、单元格名称、单元格区域等。具体的引用方法和函数的相同,例如"=A5+B2"表示将 A5 中的数据和 B2 中的数据相加。

1. 运算符

运算符用于指定对公式中的数据执行的计算方法,根据运算符的不同,表达式分为算术表达式、关系表达式和字符串表达式。运算符分为算术运算符、比较运算符、文本连接运算符和引用运算符 4 种不同类型。在一个公式中,如果含有优先级的运算符,先执行优先级高的运算,再执行优先级低的运算;同一等级的运算符,通常按从左到右的顺序进行计算。

四类运算符的优先级:引用运算符>算术运算符>字符串连接运算符>关系运算符。

(1) 算术运算符

完成基本的算术运算(如加法、减法或乘法),生成数值结果。算术运算符的种类及每种运算的含义见表 4-12。

表 4-12 算术运算符的种类及每种运算的含义

算术运算符	含 义	示 例
+(加号)	加法	3+3
-(减号)	减法、负数	3-1、-1

续表

算术运算符	含　义	示　　例
*（星号）	乘法	3*3
/（正斜杠）	除法	3/3
%（百分号）	百分比	20%
^（脱字号）	乘方	3^2

【例 4-7】 对于数学式 3×6÷3+5，Excel 中的表示方法为：单击任一单元格，输入"=3*6/3+5"，按 Enter 键，单元格计算结果为 11。

(2) 比较运算符

用于数据的比较，比较运算的结果为逻辑 TRUE 或逻辑 FALSE。比较运算符及其含义见表 4-13。

表 4-13　比较运算符及其含义

比较运算符	含　义	示　　例
=（等号）	等于	A1=B1
>（大于号）	大于	A1>B1
<（小于号）	小于	A1<B1
>=（大于等于号）	大于或等于	A1>=B1
<=（小于等于号）	小于或等于	A1<=B1
<>（不等号）	不等于	A1<>B1

【例 4-8】 对于数学式 3≥6，Excel 中计算方法为：在目标单元格中输入"=3>=6"，按 Enter 键，显示计算结果为 FALSE。

(3) 引用运算符

在使用公式时，可以使用引用运算符对单元格区域进行合并计算，引用运算符见表 4-14。

表 4-14　引用运算符及其含义

引用运算符	功　能	示　　例
:（冒号）	区域运算符，引用连续的单元格区域	B5:B15B5
,（逗号）	联合运算符，引用多个不连续的单元格	SUM(B5:B15,D5:D15)
（空格）	交集运算符，引用两个引用中共有的单元格	B7:D7 C6:C8

2. 公式的建立

单击要放置公式的单元格，在单元格或编辑栏中输入公式。公式输入后，按 Enter 键，或者单击"名称框"与"编辑栏"之间的 ✓ 按钮，则在单元格中显示公式的计算结果，或在编辑栏中显示公式。

【例 4-9】 利用公式计算学生总分，如图 4-38 所示。

操作步骤如下。

① 单击要放置公式的单元格 D2，输入"="。

② 输入"B2"（或单击 B2 单元格）。

③ 输入"+"。

④ 输入"C2"（或单击 C2 单元格）。

⑤ 按 Enter 键（或单击"名称框"与"编辑栏"之间的 ✓ 按钮）。

图 4-38　建立公式示例

⑥ 输入完成，公式结果显示在 D2 单元格。

【例 4-10】　实战演练：员工工资核算。

① 创建员工基本工资管理表。

打开"员工工资核算表"工作表→"基本工资表"工作表，如图 4-39 所示。

图 4-39　基本工资表原文

② 计算工龄。

选中 F3 单元格，在公式编辑栏中输入公式"=YEAR(TODAY())-YEAR(E3)"，按 Enter 键返回日期值，如图 4-40 所示。选中 F3 单元格，在"开始"标签下的"数字"选项组中设置单元格格式为"常规"，即可显示出工龄，如图 4-41 所示。

图 4-40　用函数计算工龄

图 4-41　设置工龄格式

选中 F3 单元格,将光标定位到该单元格右下角,当出现黑色十字形时,向下拖动复制公式,可一次性计算出所有员工工龄,如图 4-42 所示。

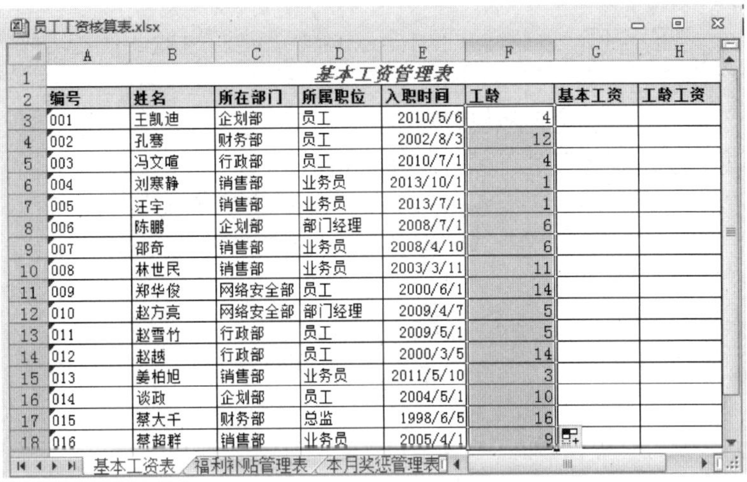

图 4-42 计算出所有工龄

③ 计算工龄工资。

根据员工工龄可以计算工龄工资。本例中约定工龄不足 2 年时不计工龄,工龄大于 2 年时按每年 100 元递增。

选中 H3 单元格,在公式编辑栏中输入"=IF(F3<2,0,(F3-2)*100)",按 Enter 键可根据员工工龄计算出员工工龄工资,如图 4-43 所示。

图 4-43 计算工龄工资

选中 H3 单元格,将光标定位到该单元格右下角,当出现黑色十字形时,向下拖动复制公式,可一次性计算出所有员工工龄工资。

④ 根据员工所属职位计算基本工资。

根据员工所属职位可以计算工龄工资。本例中约定业务员基本工资 800 元,员工基本工资 2 000 元,部门经理基本工资 2 500 元,总监基本工资 3 000 元。

选中 G3 单元格,在公式编辑栏中输入" =IF(D3="业务员",800,IF(D3="员工",2 000,IF(D3="部门经理",2 500,3 000)))",按 Enter 键可根据员工所属职位计算出员工基本工资。

选中 G3 单元格,将光标定位到该单元格右下角,当出现黑色十字形时,向下拖动复制公式,可一次性计算出所有员工基本工资。最终效果如图 4-44 所示。

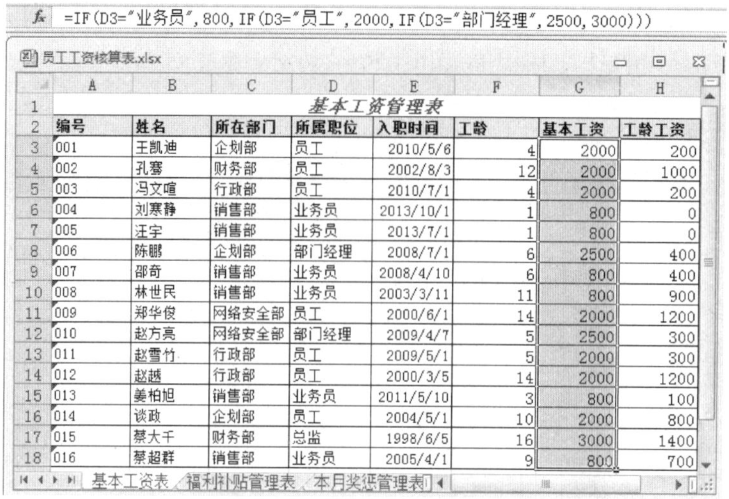
=IF(D3="业务员",800,IF(D3="员工",2000,IF(D3="部门经理",2500,3000)))

员工工资核算表.xlsx

	A	B	C	D	E	F	G	H
1	基本工资管理表							
2	编号	姓名	所在部门	所属职位	入职时间	工龄	基本工资	工龄工资
3	001	王凯迪	企划部	员工	2010/5/6	4	2000	200
4	002	孔骞	财务部	员工	2002/8/3	12	2000	1000
5	003	冯文喧	行政部	员工	2010/7/1	4	2000	200
6	004	刘寒静	销售部	业务员	2013/10/1	1	800	0
7	005	汪宇	销售部	业务员	2013/7/1	1	800	0
8	006	陈鹏	企划部	部门经理	2008/7/1	6	2500	400
9	007	邵奇	销售部	业务员	2008/4/10	6	800	400
10	008	林世民	销售部	业务员	2003/3/11	11	800	900
11	009	郑华俊	网络安全部	员工	2000/6/1	14	2000	1200
12	010	赵方亮	网络安全部	部门经理	2009/4/7	5	2500	300
13	011	赵雪竹	行政部	员工	2009/5/1	5	2000	300
14	012	赵越	行政部	员工	2000/3/5	14	2000	1200
15	013	姜柏旭	销售部	业务员	2011/5/10	3	800	100
16	014	谈政	企划部	员工	2004/5/1	10	2000	800
17	015	蔡大千	财务部	总监	1998/6/5	16	3000	1400
18	016	蔡超群	销售部	业务员	2005/4/1	9	800	700

基本工资表 / 福利补贴管理表 / 本月奖惩管理表

图 4-44 计算出所有员工基本工资

【例 4-11】 实战演练：创建员工福利津贴管理表。

操作步骤如下。

① 打开如图 4-45 所示的福利补贴管理表。

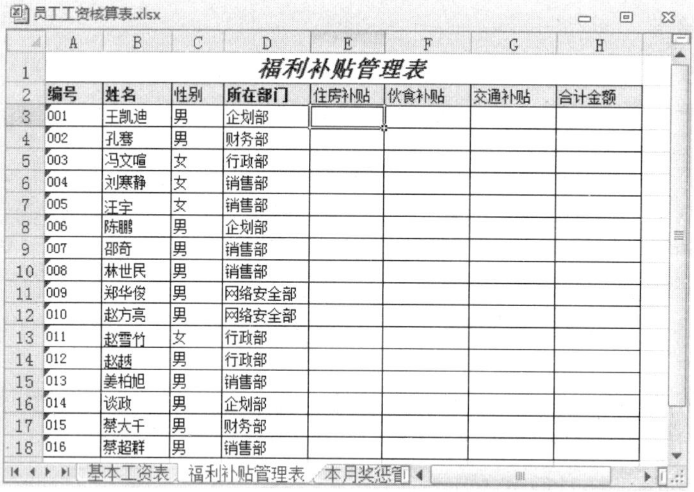
员工工资核算表.xlsx

	A	B	C	D	E	F	G	H
1	福利补贴管理表							
2	编号	姓名	性别	所在部门	住房补贴	伙食补贴	交通补贴	合计金额
3	001	王凯迪	男	企划部				
4	002	孔骞	男	财务部				
5	003	冯文喧	女	行政部				
6	004	刘寒静	女	销售部				
7	005	汪宇	女	销售部				
8	006	陈鹏	男	企划部				
9	007	邵奇	男	销售部				
10	008	林世民	男	销售部				
11	009	郑华俊	男	网络安全部				
12	010	赵方亮	男	网络安全部				
13	011	赵雪竹	女	行政部				
14	012	赵越	男	行政部				
15	013	姜柏旭	男	销售部				
16	014	谈政	男	企划部				
17	015	蔡大千	男	财务部				
18	016	蔡超群	男	销售部				

基本工资表 / 福利补贴管理表 / 本月奖惩管

图 4-45 福利补贴管理表原文

② 选中 E3 单元格，在公式编辑栏里输入公式“=IF(C3="女",300,200)”，按 Enter 键可以根据员工性别计算出住房补贴金额。选中 E3 单元格，向下复制公式，可一次性得出所有员工的住房补贴。

③ 选中 F3 单元格，在公式编辑栏里输入公式“=IF(D3="销售部",200,IF(D3="企划部",150,IF(D3="网络安全部",150,100)))”，按 Enter 键可以根据员工所在部门计算出伙食补贴金额。选中 E3 单元格，向下复制公式，可一次性得出所有员工的伙食补贴。

④ 选中 G3 单元格，在公式编辑栏里输入公式“=IF(D3="销售部",300,IF(D3="企划部",200,IF(D3="网络安全部",200,100)))”，按 Enter 键可以根据员工所在部门计算出交

通补贴金额。选中 E3 单元格，向下复制公式，可一次性得出所有员工的交通补贴。

⑤ 选中 H3 单元格，在公式编辑栏中输入公式“=SUM(E3:G3)”，按 Enter 键可以计算出第一位员工各项补贴的合计金额；选中 E3 单元格，向下复制公式，可一次性得出每位员工的各项补贴的合计金额，效果如图 4-46 所示。

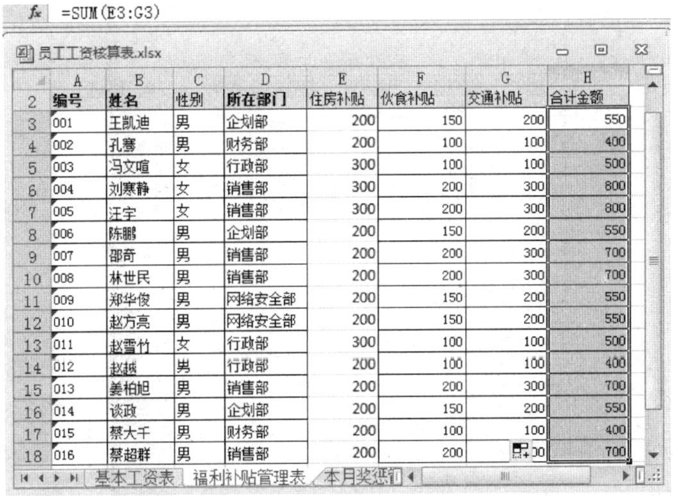
=SUM(E3:G3)

员工工资核算表.xlsx

	编号	姓名	性别	所在部门	住房补贴	伙食补贴	交通补贴	合计金额
3	001	王凯迪	男	企划部	200	150	200	550
4	002	孔骞	男	财务部	200	100	100	400
5	003	冯文暄	女	行政部	300	100	100	500
6	004	刘寒静	女	销售部	300	200	300	800
7	005	汪宇	女	销售部	300	200	300	800
8	006	陈鹏	男	企划部	200	150	200	550
9	007	邵奇	男	销售部	200	200	300	700
10	008	林世民	男	销售部	200	200	300	700
11	009	郑华俊	男	网络安全部	200	150	200	550
12	010	赵方亮	男	网络安全部	200	150	200	550
13	011	赵雪竹	女	行政部	300	100	100	500
14	012	赵越	男	行政部	200	100	100	400
15	013	姜柏旭	男	销售部	200	200	300	700
16	014	谈政	男	企划部	200	150	200	550
17	015	蔡大千	男	财务部	200	100	100	400
18	016	蔡超群	男	销售部	200	200	[illegible]	700

基本工资表 福利补贴管理表 本月奖惩

图 4-46 福利补贴计算结果

【例 4-12】 实战演练：创建本月奖惩管理表。

本例约定：销售金额小于 20 000 元时，提成比例为 3%；销售金额在 20 000～50 000 元时，提成比例为 5%；销售金额大于 50 000 元时，提成比例为 8%。基本数据如图 4-47 所示。

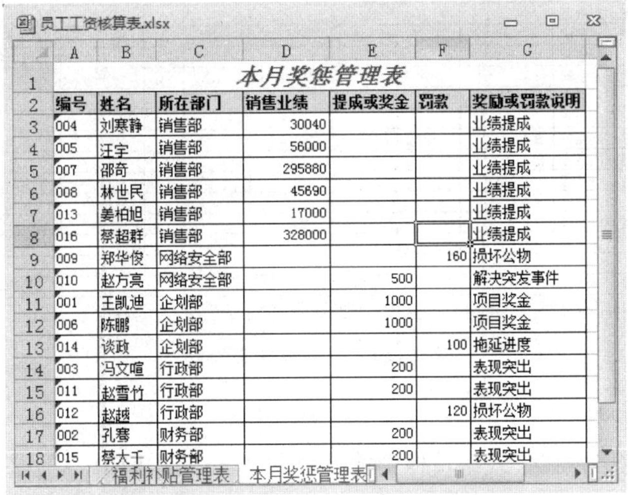
员工工资核算表.xlsx

本月奖惩管理表

	编号	姓名	所在部门	销售业绩	提成或奖金	罚款	奖励或罚款说明
3	004	刘寒静	销售部	30040			业绩提成
4	005	汪宇	销售部	56000			业绩提成
5	007	邵奇	销售部	295880			业绩提成
6	008	林世民	销售部	45690			业绩提成
7	013	姜柏旭	销售部	17000			业绩提成
8	016	蔡超群	销售部	328000			业绩提成
9	009	郑华俊	网络安全部			160	损坏公物
10	010	赵方亮	网络安全部		500		解决突发事件
11	001	王凯迪	企划部		1000		项目奖金
12	006	陈鹏	企划部		1000		项目奖金
13	014	谈政	企划部			100	拖延进度
14	003	冯文暄	行政部		200		表现突出
15	011	赵雪竹	行政部		200		表现突出
16	012	赵越	行政部			120	损坏公物
17	002	孔骞	财务部		200		表现突出
18	015	蔡大千	财务部		200		表现突出

福利补贴管理表 本月奖惩管理表

图 4-47 本月奖惩管理表原文

操作步骤如下。

① 打开如图 4-47 所示的本月奖惩管理表，选中 E3 单元格，输入公式：“=IF(D3<=20000,D3*0.03,IF(D3<=50000,D3*0.05,D3*0.08))”。

② 按 Enter 键可以根据销售业绩计算出提成金额。

③ 选中 E3 单元格，向下复制公式（将其填充柄拖至 E8），可一次性得出所有销售部员工的提成金额，效果如图 4-48 所示。

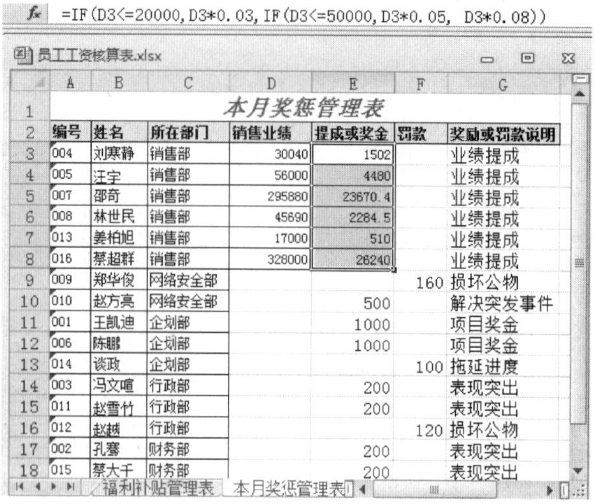

=IF(D3<=20000,D3*0.03,IF(D3<=50000,D3*0.05, D3*0.08))

员工工资核算表.xlsx

	A	B	C	D	E	F	G
1	本月奖惩管理表						
2	编号	姓名	所在部门	销售业绩	提成或奖金	罚款	奖励或罚款说明
3	004	刘寒静	销售部	30040	1502		业绩提成
4	005	汪宇	销售部	56000	4480		业绩提成
5	007	邵奇	销售部	295880	23670.4		业绩提成
6	008	林世民	销售部	45690	2284.5		业绩提成
7	013	姜柏旭	销售部	17000	510		业绩提成
8	016	蔡超群	销售部	328000	26240		业绩提成
9	009	郑华俊	网络安全部			160	损坏公物
10	010	赵方亮	网络安全部		500		解决突发事件
11	001	王凯迪	企划部		1000		项目奖金
12	006	陈鹏	企划部		1000		项目奖金
13	014	谈政	企划部			100	拖延进度
14	003	冯文喧	行政部		200		表现突出
15	011	赵雪竹	行政部		200		表现突出
16	012	赵越	行政部			120	损坏公物
17	002	孔骞	财务部		200		表现突出
18	015	蔡大千	财务部		200		表现突出

福利补贴管理表 本月奖惩管理表

图 4-48　本月奖惩计算结果

【例 4-13】 实战演练：创建工资统计表。

打开本月工资统计表，如图 4-49 所示。

员工工资核算表.xlsx

	A	B	C	D	E	F	G	H	I	J	K	L
1	本月工资统计表											
2	编号	姓名	所在部门	基本工资	工龄工资	福利补贴	提成或奖金	应发合计	罚款	个人所得税	应扣合计	实发工资
3	001	王凯迪	企划部									
4	002	孔骞	财务部									
5	003	冯文喧	行政部									
6	004	刘寒静	销售部									
7	005	汪宇	销售部									
8	006	陈鹏	企划部									
9	007	邵奇	销售部									
10	008	林世民	销售部									
11	009	郑华俊	网络安全部									
12	010	赵方亮	网络安全部									
13	011	赵雪竹	行政部									
14	012	赵越	行政部									
15	013	姜柏旭	销售部									
16	014	谈政	企划部									
17	015	蔡大千	财务部									
18	016	蔡超群	销售部									

本月奖惩管理表 工资统计表

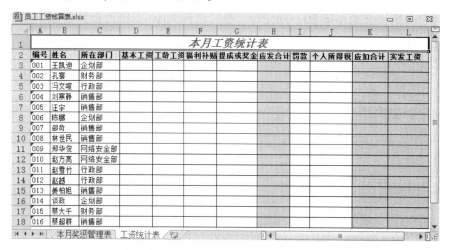

图 4-49　工资统计表原文

（1）计算应发工资

① 选中 D3 单元格，在公式编辑栏中输入公式“=VLOOKUP(A3,基本工资表!$A$2:$H$18,8,false)”，按 Enter 键即可从“基本工资表”中返回第一位员工的基本工资。

② 选中 E3 单元格，在公式编辑栏中输入公式“=VLOOKUP(A3,基本工资表!$A$2:$H$18,8,FALSE)”，按 Enter 键即可从“基本工资表”中返回第一位员工的工龄工资。

③ 选中 F3 单元格，在公式编辑栏中输入公式“=VLOOKUP(A3,福利补贴管理表!$A$2:$H$18,8,FALSE)”，按 Enter 键即可从“福利补贴管理表”中返回第一位员工的福利

补贴。

④ 选中G3单元格，在公式编辑栏中输入公式“=VLOOKUP(A3,本月奖惩管理表!$A$2:$H$18,5,FALSE)”，按Enter键即可从“本月奖惩管理表”中返回第一位员工的提成或奖金。

⑤ 选中H3单元格，在公式编辑栏中输入公式“=SUM(D3:G3)”，按Enter键即返回第一位员工的应发工资。

⑥ 选中D3:H3单元格区域，向下复制公式至最后一条记录，可以快速得出所有员工的应发金额及各项明细。效果如图4-50所示。

员工工资核算表.xlsx

本月工资统计表

编号	姓名	所在部门	基本工资	工龄工资	福利补贴	提成或奖金	应发合计	罚款	个人所得税	应扣合计	实发工资
001	王凯迪	企划部	2000	200	550	1000	3750				
002	孔骞	财务部	2000	1000	400	200	3600				
003	冯文喧	行政部	2000	200	500	200	2900				
004	刘寒静	销售部	800	0	800	1502	3102				
005	汪宇	销售部	800	0	800	4480	6080				
006	陈鹏	企划部	2500	400	550	1000	4450				
007	邵奇	销售部	800	400	700	23670.4	25570.4				
008	林世民	销售部	800	900	700	2284.5	4684.5				
009	郑华俊	网络安全部	2000	1200	550	0	3750				
010	赵方亮	网络安全部	2500	300	550	500	3850				
011	赵雪竹	行政部	2000	300	500	200	3000				
012	赵越	行政部	2000	1200	400	0	3600				
013	姜柏旭	销售部	800	100	700	510	2110				
014	谈政	企划部	2000	800	550	0	3350				
015	蔡大千	财务部	3000	1400	400	200	5000				
016	蔡超群	销售部	800	700	700	26240	28440				

福利补贴管理表 / 本月奖惩管理表 / 工资统计表

图4-50 应发工资计算结果

(2) 计算工资表中应扣金额并生成工资表

① 选中I3单元格，在公式编辑栏中输入公式“=VLOOKUP(A3,本月奖惩管理表!$A$2:$H$18,6,false)”，按Enter键即可从“本月奖惩管理表”中返回第一位员工的扣款。

② 个人所得税有专业的计算方法，为方便学习，本例虚构以下个人所得税计算方法供读者练习。即个人所得税=s*k，其中，S=应发工资-3500；当S<=0时，k=0；0<S<1500时，k=0.03；1500<=S<=4500，k=0.08；s>4500，k=0.1。

③ 根据以上计算方法，进行如下计算：选中J3单元格，输入公式“=IF(H3<=3500,0,IF(H3<5000,(H3-3500)*0.03,IF(H3<8000,(H3-3500)*0.08,(H3-3500)*0.1)))”，按Enter键即可返回第一位员工的个人所得税。

④ 选中K3单元格，输入公式“=SUM(I3:J3)”，按Enter键即可返回第一位员工的应扣合计金额。

⑤ 选中L3单元格，输入公式“=H3-K3”，按Enter键即可返回第一位员工的实发工资。

⑥ 选中I3:L3单元格区域，向下复制公式至最后一条记录，可以快速得出所有员工工资。最终如图4-51所示。

(3) 保存工作簿文件，关闭Excel应用程序

图 4-51　工资统计表最后计算结果

4.6　数据统计和分析

4.6.1　数据排序

1. 简单排序

简单排序就是指在排序的时候，设置单一的排序条件，将工作表中的数据按照指定的数据类型进行重新排序。简单排序的具体操作如下：

建立"教学管理"工作表，如图 4-52 所示，假设要将"计算机"课程进行升序排序，步骤为：

① 选择"计算机"列的任意单元格，如图 4-52 所示。

② 在"数据"选项卡中的"排序和筛选"组中单击"升序"按钮。

③ 排序后的数据如图 4-53 所示。

同样，如果要对"计算机"课程进行降序排序，只需在上述步骤中的第②步中单击"降序"按钮即可。

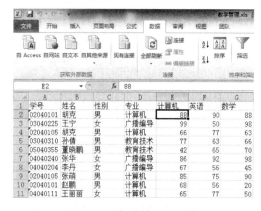

图 4-52　教学管理工作表

图 4-53　按"计算机"排序结果

2. 多关键字排序

多关键字排序也称复杂排序,是指按多个关键字对数据进行排序。打开"排序"对话框,在"主要关键字"和"次要关键字"选项组中编辑排序的条件等,以实现对数据进行复杂的排序。具体的操作步骤如下:

① 需要排序的数据如图 4-53 所示,在"排序和筛选"功能组中单击"排序"按钮,打开如图 4-54 所示对话框。

② 在"排序"对话框中的"主要关键字"下拉列表中选择"英语",设置"排序依据"为"数值",在次序下拉列表框中选择"升序"。

③ 在"排序"对话框中单击"添加条件"按钮,下面增加一行次要关键字,如图 4-55 所示。

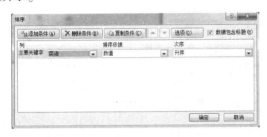

图 4-54 排序对话框

图 4-55 添加次要关键字

④ 设置次要关键字为"数学",排序依据为"数值",次序为"升序"。

⑤ 如需增加其他关键字排序,重复步骤③、④。

⑥ 最后单击"确定"按钮,按多关键字排序的结果如图 4-56 所示。

	A	B	C	D	E	F	G
1	学号	姓名	性别	专业	计算机	英语	数学
2	03040225	王宁	女	广播编导	99	50	98
3	02040101	赵鹏	男	计算机	68	56	20
4	04040204	李丹	女	广播编导	67	56	45
5	03040310	孙倩	男	教育技术	77	63	66
6	05040355	董晓鹏	男	教育技术	42	65	70
7	02040105	张萌	男	计算机	85	75	90
8	04040111	王丽丽	女	计算机	65	77	50
9	02040105	胡克	男	计算机	66	77	63
10	02040101	胡克	男	计算机	88	90	88
11	04040240	张华	女	广播编导	86	92	98

图 4-56 按多关键字排序结果

4.6.2 数据筛选

Excel 的数据筛选功能可以在工作表中有选择性地显示满足条件的数据,对于不满足条件的数据,Excel 工作表会自动将其隐藏,Excel 的数据筛选功能包括:自动筛选、自定义筛选及高级筛选 3 种方式。

1. 自动筛选

如果需要在工作表中只显示满足给定条件的数据,那么可以使用 Excel 的自动筛选功能来达到此要求。例如,要在图 4-53 所示工作表中筛选出所有"专业"为"计算机"的学生记录,自动筛选数据的具体操作步骤如下:

① 在"排序和筛选"组中单击"筛选"按钮。

② 单击"专业"筛选按钮，从展开的筛选列表中勾选"计算机"，如图 4-57 所示。
③ 单击"确定"按钮，筛选结果如图 4-58 所示。

图 4-57 筛选专业为"计算机"记录　　　　图 4-58 筛选结果

2. 自定义筛选

用户在筛选数据的时候，需要设置多个条件进行筛选，可以通过"自定义自动筛选方式"对话框进行设置，从而得到更为精确的筛选结果。

（1）筛选文本

以筛选"教学管理"工作簿中姓王的学生信息为例，操作步骤如下。

① 在"排序和筛选"组中单击"筛选"按钮。

② 单击"姓名"筛选按钮。

③ 从展开的筛选列表中单击"文本筛选"标签，将弹出下级列表。

④ 选择文本筛选方式，如"开头是"。

⑤ 在弹出的"自定义筛选方式"对话框中的"开头是"右侧的下拉列表中输入"王"。

⑥ 单击"确定"按钮，如图 4-59 所示。

图 4-59 自定义筛选方式

⑦ 最终筛选结果如图 4-60 所示。

图 4-60 筛选结果

(2) 数值型数据的筛选

对于数值型数据，除了可以使用类似于文本的筛选方式外，还可以直接筛选出前 n 个最大值。例如，在前面的"教学管理"工作簿中，筛选出"计算机"课程前 5 个最大值，操作步骤为：

① 单击"计算机"筛选按钮。
② 在展开的下拉列表框中选择"数字筛选"命令。
③ 在下级下拉列表框中选择"10 个最大值"命令。
④ 在弹出的"自动筛选前 10 个"对话框中修改要筛选的个数，如图 4-61 所示，单击"确定"按钮，显示筛选结果如图 4-62 所示。

图 4-61　自动筛选前 10 个　　　　　　　　图 4-62　筛选结果

3. 高级筛选

一般来说，自动筛选和自定义筛选都是不太复杂的筛选，如果要执行复杂的条件，那么可以使用高级筛选。高级筛选要求在工作表中无数据的地方指定一个区域用于存放筛选条件，这个区域就是条件区域。例如，要在"教学管理"工作簿中高级筛选出这样的女学生：她的"计算机"成绩是"99"，或者"专业"是"广播编导"或"计算机"。

高级筛选的具体操作步骤如下：

① 在 A13 至 C16 单元格区域中输入条件，如图 4-63 所示。
② 选择菜单中的"数据"→"筛选"→"高级筛选"命令，弹出"高级筛选"对话框，在对话框中设置列表区域为"$A$1:$G$11"，条件区域为"$A$13:$C$16"，如图 4-64 所示。

图 4-63　设置筛选条件　　　　　　　　图 4-64　"高级筛选"对话框

③ 单击"确定"按钮，高级筛选结果如图 4-65 所示。

如果要在其他位置显示筛选结果，则在"高级筛选"对话框中的"方式"区域单击选中"将筛选结果复制到其他位置"单选按钮，然后单击"复制到"框右侧的单元格引用按钮，选择要显示的位置即可。

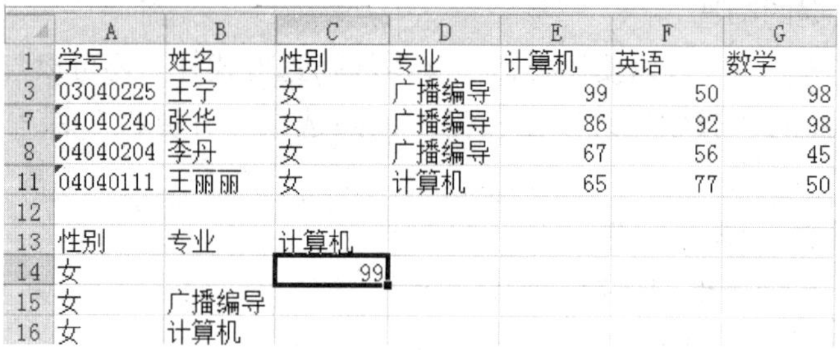

图 4-65 高级筛选结果

4.6.3 分类汇总

本节主要介绍分类汇总的方法。在 Excel 2010 中，分类汇总的相关命令多放在"数据"选项卡的"分级显示"组中，如图 4-66 所示。

1. 创建分类汇总

打开"教学管理"工作簿，在该工作簿中首先按照"专业"字段排序，接下来要汇总各专业的分数情况。操作步骤如下：

① 在"数据"选项卡中的"分级显示"组中单击"分类汇总"按钮。

图 4-66 分级显示

② 在"分类汇总"对话框中的"分类字段"下拉列表中选择"专业"。

③ 在"汇总方式"下拉列表框中选择"平均值"。

④ 在"选定汇总项"列表框中选中"计算机""英语""数学"，如图 4-67 所示。

⑤ 最后单击"确定"按钮，分类汇总后的数据如图 4-68 所示。

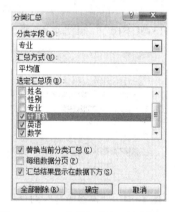

图 4-67 "分类汇总"对话框设置

图 4-68 分类汇总结果

2. 分级显示分类汇总的结果

（1）使用数字分级显示按钮

用户可以直接单击工作表列标签左侧的数字分级显示按钮来设置显示的级别，如图 4-69 所示，例如，单击数字"2"，只显示二级分类汇总。还可以单击分级显示按钮，使它变为按钮，这样即可将明细数据隐藏，只显示分类汇总数据，反之亦然，如图 4-70 所示。

	A	B	C	D	E	F	G
1	学号	姓名	性别	专业	计算机	英语	数学
5				广播编导 平均值	84	66	80.33333
11				计算机 平均值	74.4	75	62.2
14				教育技术 平均值	59.5	64	68
15				总计平均值	74.3	70.1	68.8

图 4-69　显示二级分类汇总

	A	B	C	D	E	F	G
1	学号	姓名	性别	专业	计算机	英语	数学
5				广播编导 平均值	84	66	80.33333
11				计算机 平均值	74.4	75	62.2
12	05040355	董晓鹏	男	教育技术	42	65	70
13	03040310	孙倩	男	教育技术	77	63	66
14				教育技术 平均值	59.5	64	68
15				总计平均值	74.3	70.1	68.8

图 4-70　单击折叠按钮隐藏明细数据

（2）通过"隐藏明细数据"按钮显示汇总信息

用户还可以通过隐藏明细数据来达到只显示分类汇总信息的目的。

① 单击"全选"按钮选择工作表。

② 在"分级显示"组中单击"隐藏明细数据"按钮。

③ 隐藏明细数据后，工作表中只显示分类汇总行，如图 4-71 所示。

要显示所有的数据，可以在数字分级显示按钮中单击最大的数字，或者单击"分级显示"组中的"显示明细数据"按钮。

	A	B	C	D	E	F	G
1	学号	姓名	性别	专业	计算机	英语	数学
5				广播编导 平均值	84	66	80.33333
11				计算机 平均值	74.4	75	62.2
14				教育技术 平均值	59.5	64	68
15				总计平均值	74.3	70.1	68.8

图 4-71　只显示分类汇总信息

3．删除分类汇总

若不需要已经存在的分类汇总效果，可以将它从工作表中删除：在"分级显示"组中单击"分类汇总"按钮，在弹出的"分类汇总"对话框中单击"全部删除"按钮。

4.6.4　数据透视表

Excel 2010 为用户提供了一种简单形象、实用的数据分析工具——数据透视表，使用数据透视表，可以全面地对数据清单进行重新组织以统计数据。数据透视表是一种交互式的、交叉制表的 Excel 报表。用来创建数据透视表的源数据区域可以是工作表中的数据清单，也可以是导入外部数据。当在工作表中创建好数据清单后，可以根据这些数据清单中的数据直接创建数据透视表。下面以"教学管理"工作表为例，统计人数汇总情况。

步骤如下：

① 将光标定位到数据区域，在"插入"选项卡中的"表格"组中单击"数据透视表"下三角按钮，在展开的下拉列表框中单击"数据透视表"命令，弹出"创建数据透视表"对话框，如图 4-72 所示。

② 在"创建数据透视表"对话框中单击选中"选择一个表或区域"单选按钮，单击

"表/区域"框右侧的单元格引用按钮,选择单元格区域 A1:G11,在"选择放置数据透视表的位置"区域中单击,选中"现有工作表"单选按钮,单击"位置"框右侧的单元格引用按钮,选择单元格 A12,然后单击"确定"按钮,如图 4-73 所示。

图 4-72 "创建数据透视表"对话框

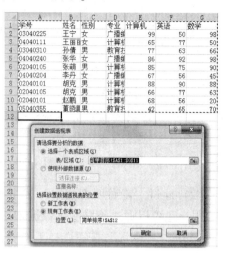

图 4-73 选择数据区域和位置区域

③ 此时 Excel 会在用户指定的位置创建一个数据透视表模板,并且在 Excel 窗口右侧显示"数据透视表字段列表"任务窗格,如图 4-74 所示。

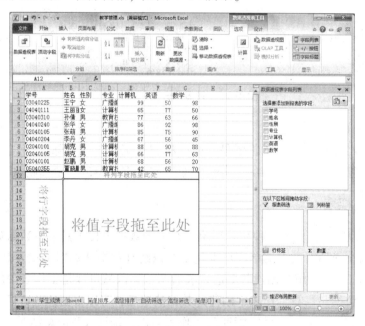

图 4-74 数据透视表模板

④ 从"选择要添加到报表的字段"区域选择"专业",拖动到"行标签"区域,"性别"字段拖动到"列标签"区域,"学号"字段拖动到"数值"区域,如图 4-75 所示,最终得到的数据透视表效果如图 4-76 所示。单击"性别"或"专业"下拉列表,从中选择不同的选项,可以从不同视角对表格数据进行透视分析。

| 图 4-75 拖动字段到透视表相应区域 | 图 4-76 创建的数据透视表效果 |

4.7 图　　表

由于 Excel 工作表中的数据有时错综复杂，具有一定的抽象性。为了直观、形象地描述工作表中数据的特征（如变化趋势、所占百分比等），在 Excel 中引入了图表来直观描述工作表中的数据。图表是工作表数据的图形表示，它能直观、形象地反映数据之间的关系。

4.7.1 图表类型与构成

1. 图表类型

Excel 2010 提供了柱形图、折线图、饼图、条形图、散点图等 11 大类 73 种图表类型供用户直接调用，用户可以根据需要建立各种图表。

2. 图表组成元素

以柱形图为例，说明图表的主要组成元素。如图 4-77 所示，图表主要的组成部分有：图表区、绘图区、图例、坐标轴、模拟运算表、图表标题、坐标轴标题等。

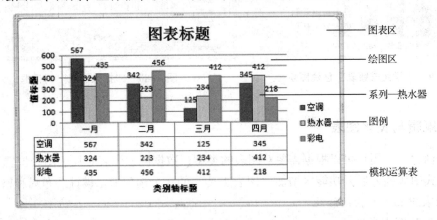

图 4- 77　图表的组成

4.7.2 创建图表

Excel 中的图表按照创建位置的不同,分为嵌入式图表和独立图表两类。嵌入式图表是作为一个对象插入的图表,图表与数据在同一个工作表中。独立图表是作为一个新工作表创建的图表,图表与数据不在同一个工作表。利用图 4-78 所示的"图表"组或"插入图表"对话框,可以创建嵌入式图表;利用"迷你图"组可以在一个单元格中生成迷你图表。

图 4-78 "图表"和"迷你图"组

【例 4-14】 根据图 4-79 所示的"学生成绩表"工作表中 A2:D5 单元格区域数据,利用"插入图表"对话框,创建一个簇状柱形图。

操作步骤如下。

① 选定 A2:D5 单元格区域。

② 选择"插入"选项卡→"图表"组对话框启动器,弹出"插入图表"对话框,如图 4-80 所示,默认选择"柱形图"→"簇状柱形图",单击"确定"按钮。或者选择"插入"选项卡→"图表"组→"柱形图"→"簇状柱形图",可以快速地创建所需的图表。

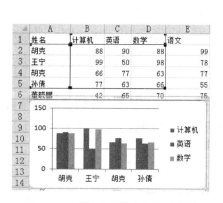

图 4-79 "学生成绩表"创建图表

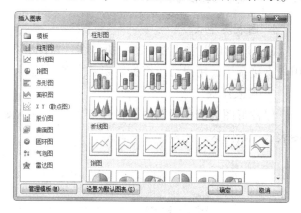

图 4-80 "插入图表"对话框

4.7.3 编辑与美化图表

图表创建后,用户可以根据需要对图表的类型、数据源、图表布局、图表位置等进行修改。嵌入式图表插入后,功能区增加"图表工具"的 3 个选项卡:设计、布局和格式。

1. 图表中相关元素的修改

(1) 修改图表类型

选中需要修改的图表,软件自动展开"图表工具"功能选项卡,并定位到其中的"设计"功能选项卡中,单击"类型"组中的"更改图表类型"按钮(或者直接在图表上右击鼠标,在弹出的快捷菜单中选择"更改图表类型"选项),打开"更改图表类型"对话框,如图 4-81 所示。选中需要的图表类型和子类型后，单击"确定"返回，相应的图表类型被改变。

（2）为图表添加标题

选中图表，在"图表工具/布局"选项卡中，单击"标签"组中的"图表标题"下拉按钮，在随后出现的下拉列表中，选择一种标题格式，如"图表上方"，效果如图 4-82 所示。选中"图表标题"文本框，删除"图表标题"字符，输入新的图表标题字符即可。

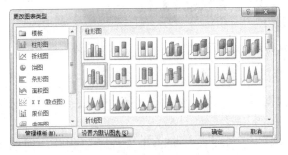

图 4-81 "更改图表类型"对话框

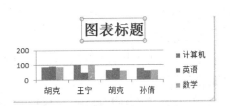

图 4-82 添加图表标题效果

（3）修改图例名称

图表中显示"计算机""英语""数字"的部分称为图表的图例。修改图例的方法为：

① 选中图表，在"图表工具"→"设计"功能选项卡中单击"数据"组中的"选择数据"按钮，打开"选择数据源"对话框，如图 4-83 所示。

② 在"图例（系列）"列表中选择需要修改的图例项（如计算机），然后单击上方的"编辑"按钮，打开"编辑数据系列"对话框，单击"确定"按钮，如图 4-84 所示。

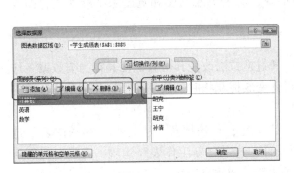

图 4-83 "选择数据源"对话框

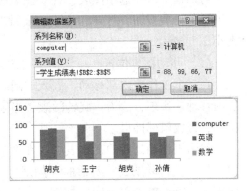

图 4-84 修改图例名称

4. 添加新系列

① 打开"选择数据源"对话框，在"图例项"下面单击"添加"按钮，再次打开"编辑数据系列"对话框。

② 单击"系列名称"文本框，在其中输入新系列的名称"语文"或单击"语文"所在的单元格 E1；单击系列值文本框，在工作表中选中 E2:E5 单元格区域（语文对应的成绩值单元格区域）；单击"确定"按钮返回，如图 4-85 所示。

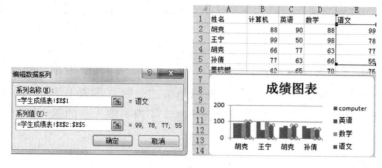

图 4-85　添加新系列设置及效果

5．删除数据系列

① 在图表上用鼠标右键单击要删除的数据系列（如：语文），在弹出的快捷菜单中选择"删除"即可。

② 打开"选择数据源"对话框，在"图例（系列）"列表中选择希望删除的图例项（如：语文），然后单击上方的"删除"按钮，单击"确定"按钮返回即可。

2．格式化图表元素

（1）调整图表大小

拖拉法——将鼠标移动到"图表区"或"绘图区"边缘，当鼠标呈双向拖动箭头状时，按住左键拖动鼠标即可快速地调整"图表区"或"绘图区"的大小。

数值法——选中图表，在"图表工具"→"格式"功能选项卡中，调整"大小"组中的"宽度"和"高度"值，可以精准地调整图表大小。

对话框法——选中图表，在"图表工具"→"格式"功能选项卡中，选择"大小"组右下角的拓展按钮，打开"大小和属性"对话框，通过更改高度和宽度来精准地调整图表大小。

（2）移动图表位置

在一个工作表内部移动：嵌入式图表可以通过拖拉法改变其位置，使其在当前数据工作表内移动。实现方法为：旋转图表，当鼠标指针变成梅花状时，按住左键将其拖动到合适的位置，释放鼠标即可。

将图表移动到新的工作表中：在图表上右击鼠标，在快捷菜单中选择"移动图表"选项，打开"移动图表"对话框（如图 4-86 所示），选中"新工作表"选项，并设置好新工作表的名字，单击"确定"按钮后，嵌入式图表转换成独立图表。

图 4-86　移动图表

（3）格式化文本字符

① 直接设置法：选中相应的对象，切换到"开始"功能选项卡，利用"字体"组中的

字体、字号、颜色等按钮进行设置。

② 对话框法：选中相应的对象，右击鼠标，在随后出现的快捷菜单中选择"字体"选项，打开"字体"对话框，设置好相关的参数后，单击"确定"按钮返回即可。

（4）格式化图表中的其他对象

图表中的图标区域、坐标轴、刻度线及上面的字符等对象都可以分别进行格式化。下面以格式化纵向坐标为例，说明具体操作过程。

① 选中图表，切换到"图表工具"→"格式"功能选项卡。

② 单击最左端的"当前所选内容"组中的"图表元素"框右侧下列按钮，在随后出现的图表元素列表中，选择需要重新设置格式的图表元素——垂直（值）轴。

③ 单击下面的设置所选内容格式按钮，打开"设置坐标轴格式"对话框，如图4-87所示。

④ 根据图表的实际需要，利用对话框中的相关选项，格式化坐标轴的格式。设置完成后，单击"关闭"对话框返回即可。

3. 利用样式修饰图表

（1）快速应用样式

选中图表，切换到"图表工具"→"设计"功能选项卡中，单击"图表样式"组右侧的下拉按钮，在随后出现的内置"图表样式"列表中，选择需要的样式即可，如图4-88所示。用户还可以利用"图表工具"→"设计"功能选项卡中的"形状样式"和"艺术字样式"组中的相关按钮快速格式化图表。

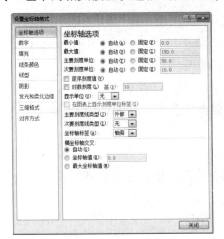

图4-87 设置坐标轴格式

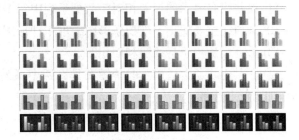

图4-88 内置图表样式

（2）将主题样式应用于图表

主题样式是自Excel 2007开始新增的一个功能，也可以将主题样式直接应用于图表，以快速实现图表格式化操作。选中图表，切换到"页面布局"→"主题"功能选项卡中，单击"主题"组中的"主题"下拉按钮，在随后出现的内置主题样式下拉列表中，选择一种主题样式即可将该主题应用于图表，如图4-89所示。

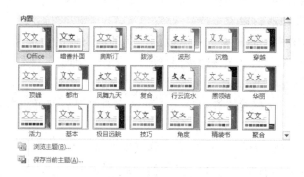

图 4-89　内置主题样式列表

4.7.4　图表的分析

1. 为图表添加趋势线

所谓趋势线，就是一种描绘数据走向趋势的图形。利用趋势线，可以了解数据的发展趋势，对数据做出全面的分析。趋势线不支持三维图、雷达图、饼图和圆环图。

（1）为图表系统添加趋势线

选中图表（图 4-85）中的语文系列，切换到"图表工具"→"布局"功能选项卡中，单击"分析"组中的"趋势线"按钮，在随后出现的下拉列表中选择一种趋势线类型（如线性趋势线）即可。效果如图 4-90 所示。

（2）删除趋势线

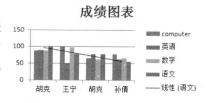

图 4-90　添加趋势线效果图

在图表中，选中添加了趋势线的某个系列，单击"趋势线"下拉按钮，在随后出现的下拉列表中选择"无"即可。

2. 其他系列方式

① 误差线是表示图形上相对于数据系列中每个数据点或数据标记的潜在误差量。

② 系列线主要适用于堆积条形图、堆积柱形图和饼图。

③ 垂直线适用于折线图和面积图。

④ 低点连线通常适用于股价图和具有两个系列的折线图。创建了股价图，软件将会自动添加高低点连线。

⑤ 涨/跌柱线通常适用于股价图或有两个系列的折线图。

4.7.5　迷你图表

"迷你图表"即小型图表，是 Excel 2010 版本中新增的一个功能，只有在扩展名是 xlsx 的工作簿中才可用。利用"迷你图表"可以将制作的图表保存在一个普通单元格中。在 Excel 2010 中，目前提供了折线图、列图（柱形图）和盈亏图三种迷你图表。

1. 创建迷你图表

（1）创建单个迷你图表

① 选中需要创建迷你图的一组数据区域 B3:E3。

② 切换到"插入"功能选项卡中，单击"迷你图"组中的"折线图"按钮，打开"编

辑迷你图”对话框，如图 4-91 所示。

③ 在“选择放置迷你图的位置”中输入“$F $3”，或单击工作表中 F3 单元格，单击“确定”按钮返回，如图 4-92所示。

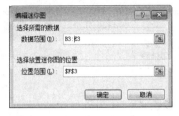

图 4-91　“创建迷你图”对话框

	A	B	C	D	E	F
1	姓名	计算机	英语	数学	语文	
2	胡克	88	90	88	99	
3	王宁	99	50	98	78	

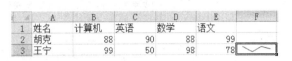

图 4-92　单个迷你图效果

(2) 创建迷你图组

① 选中需要创建迷你图的一组数据区域 C2:C4。

② 切换到“插入”功能选项卡中，单击“迷你图”组中的“折线图”按钮，打开“编辑迷你图”对话框，选中放置迷你图的单元格 F4，单击“确定”按钮返回，效果如图 4-93 所示。

	A	B	C	D	E	F
1	姓名	计算机	英语	数学	语文	
2	胡克	88	90	88	99	
3	王宁	99	50	98	78	
4	胡克	66	77	63	77	

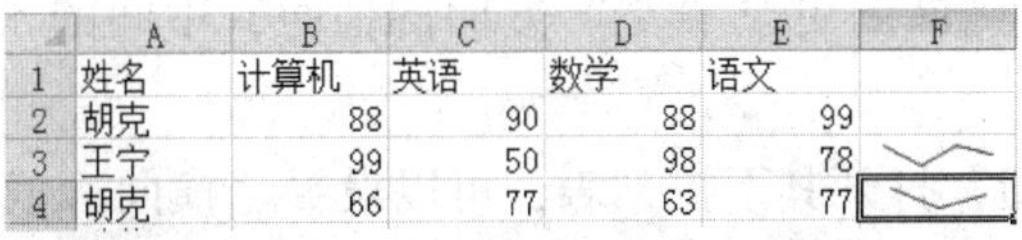

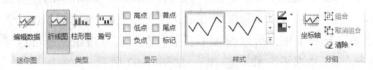

图 4-93　迷你图组效果（F4 单元格）

2. 迷你图表的编辑与格式设置

单击迷你图的表格后，将会出现迷你图设计功能区，如图 4-94 所示。

图 4-94　迷你图设计功能区

各选项组功能如下：

① 编辑数据：修改迷你图图组的源数据区域或单个迷你图的源数据区域。

② 类型：更改迷你图的类型为折线图、柱形图、盈亏图。

③ 显示：在迷你图中标识什么样的特殊数据。

④ 样式：使迷你图直接应用预定义格式的图表样式。

⑤ 迷你图颜色：修改迷你图折线或柱形的颜色。

⑥ 单击清除：可以删除迷你图。

4.8　页面设置与打印

4.8.1　页面设置

工作表打印输出前，还需要设置页面格式、页眉和页脚、页边距、打印区域等。

1. 利用"页面布局"选项卡

① 单击"页面设置"组中的功能按钮,可以设置页边距、纸张方向、纸张大小打印区域等页面效果,如图 4-95 所示。

图 4-95　页面布局选项卡中页面设置

② 页边距即页面边框与打印内容的距离,用户可以根据文档的装订需求、视觉美观效果来设置适当的页边距。可以直接在"页面设置"组中的"页边距"下拉列表框中选择适当的页边距,也可以自定义页边距,具体方法为:单击"页边距"按钮,在展开的下拉列表框中选择预定义的页边距。如果"页边距"下拉列表框中的预定义不能满足用户的需求,可以单击"自定义选项"标签,打开"页面设置"对话框,在"上""下""左""右"四个方向上设置页边距值。当试图更改"左"方向的值时,中间的预览区域会显示一条直线标识此时的页边距。

③ 单击纸张方向按钮,打开其下拉列表,可以设置"横向"或"纵向"打印。

④ 单击打印区域按钮,在下拉列表中可以设置文档的打印区域。

2. 利用打印窗口和"页面设置"对话框

可以设置打印份数、打印机属性、纸张大小、页面边距、页眉和页脚、打印区域等。单击"页面设置"组中的对话框启动器按钮,可以打开如图 4-96 所示的"页面设置"对话。

① 在"页面"选项卡中可以设置纸张方向,还可以设置打印缩放比例等。

② 在"页边距"选项卡中,可以设置上、下、左、右页边距,还可以选择打印区域在页面中的居中对齐方式:"水平"和"垂直",如图 4-97 所示。

图 4-96　"页面设置"对话框"页面"选项卡

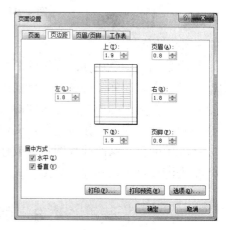

图 4-97　"页面设置"对话框"页边距"选项卡

③ 在"页眉/页脚"选项中,可以设置页眉/页脚内容、奇偶页是否相同等,如图 4-98 所示。

④ 工作表选项卡主要设置工作表打印的区域、打印标题及打印顺序等，如图 4-99 所示。

图 4-98 "页面设置"对话框"页眉/页脚"选项卡　　图 4-99 "页面设置"对话框"工作表"选项卡

4.8.2 页面打印

1. 打印预览

页面效果设置完成后，如需在打印前观看打印效果，在"页面设置"对话框中选择"打印预览"按钮即可。

2. 打印

完成打印设置、预览达到预期效果后，单击"页面设置"对话框中的"打印"按钮，或选择"文件"下拉列表中的"打印"命令，在展开的选项列表中设置打印份数、打印的工作表及打印页数等，如图 4-100 所示，然后再次单击"打印"按钮即可实现对文档的打印。

图 4-100 打印设置

一、单项选择题

1. 若在 Excel 的 A2 单元格中输入"=8^2"，则显示结果为（　　）。
   A. 16　　　　　　B. 64　　　　　　C. =8^2　　　　　　D. 8^2

2. 在 Excel 2010 中，按（　　）组合键可将单元格中输入的内容进行分段。
   A. Ctrl+Enter　　　B. Alt+Enter　　　C. Shift+Enter　　　D. Tab+Enter

3. 在 Excel 2010 工作表中，可以运用鼠标拖动的方法填入有规律的数据，具体的做法是在某一单元格输入第一个数据,然后(   )。

  A. 用鼠标指向该单元格边框右下角的控制点,使鼠标指针呈"+"形,按下鼠标左键开始拖动

  B. 用鼠标指向该单元格,按下 Ctrl 键后再按下鼠标左键开始拖动

  C. 用鼠标指向该单元格边框右下角的控制点,使鼠标指针呈"+"形,按下 Shift 键后再按下鼠标左键开始拖动

  D. 用鼠标指向该单元格,按下鼠标左键开始拖动

4. 在 Excel 2010 中,函数 SUM(A1:B3)的功能是(   )。

  A. 计算 A1+B3 的和   B. 计算 A1+A2+A3+B1+B2+B3 的和

  C. 计算 A 列和 B 列之和   D. 计算 1、2、3 行之和

5. 在 Excel 2010 中,如果 A1 单元格的值为 4,B1 为空,C1 为一个字符串,D1 为 8,则函数 AVERAGE(A1:D1)的值是(   )。

  A. 6   B. 4   C. 3   D. 不予计算

6. 在 Excel 2010 中,要计算单元格区域的平均值,除了编辑公式外,还可以调用函数(   )。

  A. SUM   B. COUNT   C. AVERAGE   D. SUMIF

7. 在 Excel 2010 中,单元格区域 D5:B5 包含的单元格个数是(   )。

  A. 6   B. 3   C. 9   D. 18

8. 在 Excel 2010 中,函数之间的多个参数应用(   )号分隔。

  A. :   B. 。   C. ,   D. ;

9. 在 Excel 2010 工作表中,要求计算单元格 A1 到 A6 的平均值,正确的公式是(   )。

  A. =COUNT(A1,A6)   B. =AVERAGE(A1:A6)

  C. =COUNT(A1:A6)   D. =AVERAGE(A1,A6)

10. 在 Excel 2010 中,活动单元格是指(   )。

  A. 正在操作的单元格   B. 随其他单元格的变化而变化的单元格

  C. 已经改动了的单元格   D. 可以随意移动的单元格

11. 在 Excel 中,工作表的列标表示为(   )。

  A. 1、2、3   B. A、B、C   C. 甲、乙、丙   D. Ⅰ、Ⅱ、Ⅲ

12. 在 Excel 中,下列(   )是输入正确的公式形式。

  A. B2*D3+1   B. C7+C1   C. SUM(D1:B2)   D. =8^2

13. 在工作表左上角名称框中,输入(   )坐标不是引用 B 列 2 行的单元格。

  A. B2   B. $B$2   C. R[2]C[2]   D. $B2

14. 在 Excel 中,下列运算符中优先级最高的是(   )。

  A. ^   B. *   C. +   D. %

15. 建立 Excel 工作表时,如在单元格中输入(   )是正确的公式形式。

  A. A1*D2+100   B. A1+A8

  C. SUM(A1:D1)   D. =1.57*Sheet2!B2

二、多项选择题

1. 用筛选条件"数学>70""总分>350",在同一行上对考生成绩数据表进行筛选,在筛选结果中显示的不是( )。
   A. 所有数学>70 的记录
   B. 所有数学>70 与总分>350 的记录
   C. 所有总分>250 的记录
   D. 所有数学>70 或者总分>350 的记录

2. 在 Excel 单元格中,输入下列( )表达式是正确的。
   A. =SUM($A2:A$3)
   B. =A2;A3
   C. =SUM(Sheet2!A1)
   D. =10

3. 在 Excel 中,关于选取一行单元格的方法,错误的是( )。
   A. 单击该行行号
   B. 单击该行的任一单元格
   C. 在名称框中输入该行行号
   D. 单击该行的任一单元格,并单击"编辑"菜单的"行"命令

4. 下列操作中,不能正确选取单元格区域 A2:D10 的操作是( )。
   A. 在名称框中输入单元格区域 A2-D10
   B. 鼠标指针移到 A2 单元格并按住鼠标左键拖动到 D10
   C. 单击 A2 单元格,然后单击 D10 单元格
   D. 单击 A2 单元格,然后按住 Ctrl 键并单击 D10 单元格

5. 在 Excel 的单元格中,如要输入数字字符串 68812344(电话号码),应输入( )。
   A. 68812344
   B. "68812344"
   C. 68812344′
   D. ′68812344

三、填空题

1. Excel 的筛选功能包括_____和高级筛选。
2. 在 Excel 中,A5 的内容是"A5",拖动填充柄至 B5,则 B5 单元格的内容为_____。
3. 若在 Excel 的 A2 单元格中输入"=56>=57",则显示结果为_____。
4. 一个工作簿是一个 Excel 文件(其扩展名为 .xlsx),其最多可以含有_____个工作表。
5. 在 Excel 2010 默认状态下,字符输入后为_____对齐状态。
6. 在 Excel 2010 中,按_____键可取消输入。
7. 在工作表中,要选择单元格 A1、B3、C8、D6 的操作方法是:先单击 A1 单元格,然后按住_____键,再依次单击 B3、C8、D6 单元格,即可完成操作。
8. 在 Excel 工作表中已输入的数据如图 4-101 所示,按 Enter 键后,D1 单元格中的结果是_____;如将 D1 单元格中的公式复制到 B1 单元格中,则 B1 单元格的值为_____。

	A	B	C	D
1	1	1	3	=C1+$D$2
2	2	2	4	

图 4-101 已输入的数据

9. 在 Excel 工作表中已输入的数据如图 4-102 所示,按 Enter 键后,D1 单元格中的结果是_____;如将 D1 单元格中的公式复制到 E2 单元格中,则 E2 单元格的值为_____。
10. Excel 中单元格的引用类型有_____、_____、_____。
11. Excel 公式以_____符号开头。

	A	B	C	D
1	1	10	10%	=$A$1*B1
2	2	20	20%	

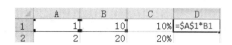

图 4-102　已输入的数据

12. 工作簿文件默认的扩展名是________，一个工作簿中默认包含________张工作表，一个工作表中有________个单元格。

13. 如果 A3 单元格中的公式为“=B4+E2”，将 A3 单元格内容复制到 C5 单元格，则 C5 单元格的内容是________。

14. 如果 A3 单元格中的公式为“=$B $4+$E $2”，将 A3 单元格内容复制到 C5 单元格，则 C5 单元格的内容是________。

15. 如果 A3 单元格中的公式为“=B $4+$E2”，将 A3 单元格内容复制到 C5 单元格，则 C5 单元格的内容是________。

四、综合题

1. 图 4-103 是一个 Excel 表格，请分别计算 SUM(D3:G3)，AVERAGE(D5:F5)，COUNTIF(E3:E7,">=60)-COUNTIF(E3:E7,">=80)。

	A	B	C	D	E	F
1	计算机二班学生成绩单					
2	学号	姓名	性别	计算机	英语	数学
3	02020101	胡克	男	78	84	87
4	02020102	王宁	女	99	78	95
5	02020103	胡克	男	87	98	62
6	02020104	孙倩	男	77	57	57
7	02020105	董晓鹏	男	94	64	81

图 4-103　习题表格

2. 输入图 4-104 所示工作表数据，利用公式计算表中空白单元的值。

	A	B	C	D	E	F	G	H	I	J	K	L	M	N
1	2002年上半年南方集团公司员工销售情况一览表													
2	职工编号	姓名	分部门	1月	2月	3月	4月	5月	6月	上半年销售合计	奖金	上半年奖金	销售业绩	特别奖
3	9010	陈湛	一部	4.5	5.1	9	3.9	6.2	7.5					
4	9001	陈依然	一部	4.5	5	6.8	4.2	3.9	6.6					
5	9011	王静	二部	3.1	8.6	7.1	8.3	7.3	5.6					
6	9012	李菲菲	二部	5.2	5.1	9	5.3	9.1	8.2					
7	9013	杨建军	一部	8.6	6.9	5.5	3.6	6.9	7.8					
8	9014	高思	三部	6.2	8.2	4.8	5.1	9.2	8.2					
9	9002	王成	二部	3.1	4.6	8.7	8.3	7.3	5.6					
10	9003	赵丽	三部	5.2	5.1	3.7	6.8	8.6	7.5					
11	9004	曲玉华	一部	8.8	6.9	5.5	4.5	6.9	7.8					
12	9005	付晋芳	三部	6.2	3.6	4.8	9.2	5.6	6.8					
13	9006	王海珍	二部	4.5	5.1	6.8	3.9	4	7.5					
14	9059	王洋	一部	6.9	7.2	8.1	8.6	5.9	8.1					
15	9060	张胜利	三部	5.2	4.6	8.5	5.1	4.8	9.5					
16	平均值													
17	最高值													
18	注：表中销售数据单位为“万元”，奖金数据单位为“元”													

图 4-104　习题表格

标准如下：

●“销售业绩”的评定标准为：“上半年销售合计”值在 60 万元以上（含 60 万元）者为“优异”，在 48 万~60 万元之间（含 48 万元）者为“优秀”，在 36 万~48 万元之间（含

36 万元）者为"良好"，在 24 万~36 万元之间（含 24 万元）者为"合格"，24 万元以下者为"不合格"。

● "奖金"的计算标准为："销售业绩"优异者的奖金值为 20 000 元、优秀者的奖金值为 10 000 元、良好者的奖金值为 6 000 元、合格者的奖金值为 2 000 元、不合格者没有奖金。

● "特别奖"的发放标准为："上半年销售合计"值最高的销售人员（可能不唯一）奖励 5 000 元，其余人员不奖励。

● "上半年奖金"值为"奖金"与"特别奖"之和。

● 按图 4-104 所示格式设置表格的框线及字符对齐形式。

● 将表中的数值设置为小数，且保留一位小数。

● 将表标题设置为隶书、22 号，其余文字与数值均设置为仿宋体、12 号。

● 将表中月销售额在 8.5 万元以上的数值显示为红色，同时将月销售额在 4 万元以下的数值显示为蓝色。

● 将表中"销售业绩"与"特别奖"两列交换位置。

● 将"分部门"所在列的列宽调整为 10，将每月销售额所在列的列宽调整为"最适合的列宽"。

● 统计表中员工人数。

3. 根据图 4-104 所示表中的数据，绘制如图 4-105 所示嵌入式簇状柱形图。标准如下：

● 移动数据系列的位置，将"高思"移到"赵丽"与"付晋芳"之间。

● 在图表中增加数据系列"张胜利"。

● 删除图表中的数据系列"付晋芳"。

● 在图表中显示数据系列"高思"的值。

● 将图表标题格式设为楷体、14 号。

● 为图表增加分类轴标题"月份"、数值轴标题"销售额（单位：万元）"。

● 将图表区的图案填充效果设为"红黄双色"，且由角部辐射。

● 将绘制的嵌入式图表转换为独立式图表。

● 绘制所有员工 3 月份销售额的饼图。

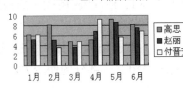

图 4-105　习题图

4. 数据管理及其应用（以图 4-104 所示表数据为依据）。

● 将表中记录按"上半年销售合计"升序排列。

● 统计各"分部门"上半年的销售合计值，且顺序为"一部""二部"和"三部"。

● 显示"上半年销售合计"值在 40 万元以上（含 40 万元）的记录。

● 显示分部门为"一部"，且"上半年销售合计"值在 40 万元以上的记录。

演示文稿 PowerPoint 2010

Microsoft Office PowerPoint 2010 是微软公司的演示文稿软件。用户可以在投影仪或者计算机上进行演示,也可以将演示文稿打印出来,制作成胶片,以便应用到更广泛的领域中。利用 Microsoft Office PowerPoint 2010 不仅可以创建演示文稿,还可以在互联网上召开面对面会议、远程会议或在网上给观众展示演示文稿。演示文稿中的每一页叫作幻灯片,每张幻灯片都是演示文稿中既相互独立又相互联系的内容。

5.1 PowerPoint 2010 基础

5.1.1 PowerPoint 2010 的启动/退出和窗口界面

1. 启动与退出 PowerPoint 2010

启动 PowerPoint 2010 的方法有如下三种:

① 在 Windows 7 界面中,单击"开始"→"所有程序"→"Microsoft Office"→"Microsoft Office PowerPoint"命令,进入 PowerPoint 界面。

② 用鼠标双击桌面上的 PowerPoint 快捷方式图标,可进入 PowerPoint 界面。

③ 双击一个 PowerPoint 文件,可以在启动 PowerPoint 的同时打开该演示文稿文件。

退出 PowerPoint 2010 的方法与 Word、Excel 应用程序的相同,这里就不再介绍。

2. PowerPoint 2010 窗口界面

PowerPoint 的窗口界面由标题栏、快速访问工具栏、选项卡、窗格、状态栏等部分组成,使用方法与 Word 2010 应用程序中相对应部分的使用方法相同。

(1) 标题栏

PowerPoint 2010 的标题栏如图 5-1 所示。标题栏最左端为快速访问工具栏,默认情况下会显示 PowerPoint 控制菜单图标、"保存"按钮、"撤销"按钮、"重复"按钮,以及"扩展"按钮。单击"扩展"按钮 ,可以弹出如图 5-2 所示的快捷菜单,在其下可将使用频繁的工具添加到快速访问工具栏中。

图 5-1 标题栏

图 5-2 快捷菜单

(2) 选项卡与功能区

PowerPoint 2010 窗口中用选项卡和功能区取代了传统的菜单栏和工具栏，单击某一选项卡，如"开始"选项卡，会显示与其相对应的功能区，如图 5-3 所示。用户还可通过单击"文件"选项卡→"选项"命令，打开如图 5-4 所示的"PowerPoint 选项"对话框，对"自定义功能区""快速访问工具栏"和"保存"等选项进行设置。

图 5-3 选项卡与功能区

图 5-4 "PowerPoint 2010"选项对话框

(3) 幻灯片编辑区和备注窗格

幻灯片编辑区是整个工作界面的核心区域，用于显示和编辑幻灯片，在其中可输入文字内容、插入图片和设置动画效果等，是使用 PowerPoint 制作演示文稿的操作平台。备注窗格位于幻灯片编辑区下方，可供幻灯片制作者或幻灯片演讲者查阅该幻灯片信息或在播放演示文稿时对需要的幻灯片添加说明和注释，如图 5-5 所示。

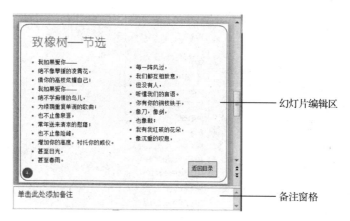

图 5-5 "幻灯片编辑"与"备注"窗格

(4) "幻灯片/大纲"窗格

"幻灯片/大纲"窗格用于显示演示文稿的幻灯片数量及位置,通过它可以更加方便地掌握整个演示文稿的结构。在"幻灯片"窗格下,将显示整个演示文稿中幻灯片的编号及缩略图,在"大纲"窗格下列出当前演示文稿中各张幻灯片中的文本内容,如图 5-6 所示。

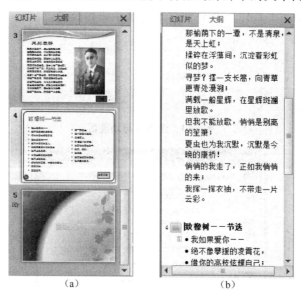

图 5-6 "幻灯片"窗格(a)与"大纲"窗格(b)

(5) 状态栏

状态栏位于整个窗口的最下方,用于显示演示文稿中所选幻灯片及幻灯片总张数、幻灯片采用的模板类型、视图切换按钮及页面显示比例等。

5.1.2 PowerPoint 2010 视图模式

视图是为了便于用户操作所提供的不同的工作环境。PowerPoint 2010 提供了 4 种视图模式,分别是普通视图、幻灯片浏览视图、阅读视图、幻灯片放映视图,其中最常使用的两种视图是普通视图和幻灯片浏览视图。视图方式的切换可以通过"视图"选项卡→"演示文稿视图"组来实现，也可以使用视图切换按钮 实现。视图切换按钮位于窗口的右下角，单击其中的按钮可以切换到对应的视图方式。

1. 普通视图

普通视图是演示文稿的主要编辑视图，主要用于撰写和设计演示文稿，是 PowerPoint 程序默认的视图。在此视图下可以对幻灯片进行编辑，添加文本，插入图片、表格、SmartArt 图形、图表、图形对象、文本框、电影、声音、超链接和动画。

2. 幻灯片浏览视图

幻灯片浏览视图是指以缩略图的形式显示幻灯片的视图。在此视图下，可方便地对幻灯片进行移动、复制、删除、页面切换效果的设置，也可以隐藏和显示指定的幻灯片，但不能对单独的幻灯片内容进行编辑。

3. 阅读视图

阅读视图是指将演示文稿作为适应窗口大小的幻灯片放映的视图方式。该视图用于在本机查看放映效果，而不是大屏幕放映演示文稿。

4. 幻灯片放映视图

幻灯片放映视图用于切换到全屏显示效果下，对演示文稿中的当前幻灯片内容进行播放。用户可以看到图形、计时、电影、动画和切换等在实际演示中的具体效果，但无法对幻灯片的内容进行编辑和修改。用户可通过按 Esc 键退出幻灯片放映视图。

5.2 演示文稿的设计与制作

5.2.1 基本概念

1. 演示文稿与幻灯片

利用 PowerPoint 创建的演示文稿，其扩展名为 pptx。演示文稿和幻灯片之间的关系就像一本书和书中的每一页之间的关系。一本书由不同的页组成，各种文字和图片都书写、打印到每一页上；演示文稿由幻灯片组成，幻灯片是演示文稿的基本单位，幻灯片一般由标题、文本、图片、表格等多种元素组成，这些元素称为幻灯片对象。

2. 占位符与幻灯片版式

占位符是幻灯片中各种元素实现占位的虚线框。有标题占位符、文本占位符、内容占位符等。内容占位符中可以插入表格、图表、SmartArt 图形、图片、剪贴画、媒体剪辑等各种对象。

幻灯片版式是一个幻灯片的整体布局方式，是定义幻灯片上待显示内容的位置信息。幻灯片本身只定义了幻灯片上要显示内容的位置和格式设置信息，可以包含需要表述的文字及幻灯片需要容纳的内容，也可以在版式或幻灯片母版中添加文字和对象占位符。但不能直接在幻灯片中添加占位符，对于一个新幻灯片，要根据幻灯片表现的内容来选择一个合适的版式。如图 5-7 所示的为"标题和内容"版式的幻灯片，包含 2 个占位符：1 个为标题占位符，1 个为内容占位符。单击内容占符中左下角的"插入来自文件的图片"图标，弹出"插入图片"对话框，选择文件中的一幅图片即可将其插入内容占位符内。

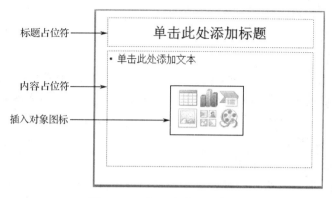

图 5-7 "标题和内容"版式

5.2.2 演示文稿的基本操作

1. 演示文稿的创建

PowerPoint 中可以创建空演示文稿，也可以根据样本模板、主题、现有内容新建演示文稿。

（1）新建空白演示文稿

① 单击"快速访问工具栏"上的 ▼ 按钮，在弹出的"自定义快速访问工具栏"列表中选择"新建"，把"新建"按钮 添加到快速访问工具栏中，如图 5-8 所示。单击"新建"按钮即可创建一个新空白演示文稿。

图 5-8 添加"新建"按钮到快速访问工具栏

② 单击"文件"选项卡，在弹出的快捷菜单中选择"新建"命令，在中间的"可用的模板和主题"栏中选择"空白演示文稿"选项。在最右边的"空白演示文稿"栏中单击"创建"按钮，新建演示文稿完成，如图 5-9 所示。

③ 利用组合键 Ctrl+N，新建空白演示文稿。

（2）利用模板创建演示文稿

PowerPoint 中提供了大量精美的设计模板，不同的模板为演示文稿设计了不同的标题样式、背景图案和项目符号等。使用"设计模板"创建演示文稿，模板上的所有美工设计、风格等便应用于新建的文稿之中，便于那些没有美术基础的用户设计出美观、和谐的幻灯片。根据模板创建演示文稿的操作步骤为：选择"文件"选项卡→"新建"→"样本模板"，在样本模板列表中选择所需的模板，单击"创建"按钮。

（3）根据主题创建演示文稿

主题是主题颜色、主题字体和主题效果三者的组合。主题可以作为一套独立的选择方案应用于文件中。PowerPoint 提供了多种设计主题，包含协调配色方案、背景、字体样式和占位符位置。使用预先设计的主题，可以轻松快捷地更改演示文稿的整体外观。根据主题创建演示文稿的操作步骤为：选择"文件"选项卡→"新建"→"主题"，在主题样式中选择所需的主题，单击"创建"按钮。

图 5-9　新建演示文稿

（4）根据已有演示文稿创建新演示文稿

选择"文件"选项卡→"新建"→"根据现有内容新建"，弹出"根据现有演示文稿新建"对话框，双击文件列表中的一个演示文稿，则建立了一个内容相同的新演示文稿。

2．演示文稿的保存

保存演示文稿包括新演示文稿的保存、换名保存和用现名保存 3 种情况。

（1）新演示文稿的保存

新演示文稿的保存可分为四种方法，分别是：

① 单击"快速访问工具栏"上的保存按钮。

② 利用组合键 Ctrl+S。

③ 选择"文件"选项卡→"保存"选项。

④ 选择"文件"选项卡→"另存为"选项。

文件第一次保存时，会弹出"另存为"对话框，默认的保存位置是"文档库"中的"我的文档"，用户可以在导航窗格或地址栏中选择其他保存位置；在"文件名"文本框中输入文件名，此时扩展名可以不写；在"保存类型"下拉列表中选择文件类型，默认的保存类型为"PowerPoint 演示文稿"，扩展名为 pptx。

（2）现名保存

若演示文稿不是第一次保存，无论是选择"文件"选项卡→"保存"选项，还是单击"保存"按钮，都将对演示文稿所做的修改以原文件名保存，不会弹出"另存为"对话框。

（3）换名保存

选择"文件"选项卡→"另存为"选项，在弹出的"另存为"对话框中选择新的保存位置及输入新的文件名称，即可实现演示文稿的换名保存。换名后的演示文稿成为当前演示文稿，而原名字的演示文稿将自动关闭，并且内容和修改前一致。

5.2.3 演示文稿的编辑

演示文稿是由多张幻灯片组成的，对演示文稿的编辑即为对每一张幻灯片的编辑。编辑幻灯片包括幻灯片的基本操作、更改幻灯片版式和编辑幻灯片内容。

1. 幻灯片基本操作

（1）选择幻灯片

在演示文稿中要对某一张或某几张幻灯片进行操作，必须先选中幻灯片，选中幻灯片可按照表 5-1 所示的方法进行。

表 5-1　选择幻灯片方法

选择幻灯片	普通视图中的操作
选定一张	在幻灯片/大纲窗格中，单击某张幻灯片的缩略图
选定连续的多张	在幻灯片/大纲窗格中，单击第一张要选定的幻灯片，按 Shift 键并单击要选定的最后一张幻灯片
选定不连续的多张	在幻灯片/大纲窗格中，单击第一张要选定的幻灯片，按 Ctrl 键并依次单击要选定的其他幻灯片
选定所有幻灯片	在幻灯片/大纲窗格中，单击任一张幻灯片，按快捷键 Ctrl+A
	选择"开始"选项卡→"编辑"组→"选择"下拉按钮→"全选"

（2）插入新幻灯片

在原演示文稿中要插入新的幻灯片，可以将光标定位在"幻灯片"窗格中某张幻灯片的上方或下方，亦或是选中某张幻灯片的缩略图，通过下面方法中的一种，即可实现新幻灯片的插入。

① 选择"开始"选项卡→"幻灯片"组→"新建幻灯片"按钮。

② 按 Ctrl+M 组合键，可在当前选中幻灯片之后插入一张新幻灯片。

（3）移动与复制幻灯片新

幻灯片的移动和复制操作，可以像文本一样借助于剪贴板来实现。实现步骤如下：

① 选定要移动或复制的幻灯片。

② 单击"剪贴板"组中的"剪切"或"复制"按钮。

③ 选择目标幻灯片。

④ 单击"剪贴板"组中的"粘贴"按钮。

⑤ 所选定的幻灯片将被移动或复制到目标幻灯片之后。

在幻灯片浏览视图或在大纲窗格中，当移动（复制）的源位置与目标位置同时可见时，将幻灯片拖动到目标位置，实现幻灯片的移动；如果拖动时按住 Ctrl 键，则可实现幻灯片的复制。

(4) 隐藏幻灯片

隐藏幻灯片是指将一些不必要放映出来但又不想将其从演示文稿中删除的幻灯片隐藏，隐藏后，在放映该演示文稿时，隐藏的幻灯片将会自动跳过。隐藏幻灯片的操作步骤为：选中要进行隐藏的幻灯片，打开"幻灯片放映"选项卡，单击"设置"组中"隐藏幻灯片"命令按钮。在普通视图下被隐藏幻灯片的左上角编号处会出现 ① 的隐藏标记，表明该幻灯片被隐藏。

(5) 删除幻灯片

用户可将不需要的幻灯片从演示文稿中删除，具体的删除方法为：选中需要删除的幻灯片，按 Del 键实现删除。或者通过右键单击选中的幻灯片，在快捷菜单中选择"删除幻灯片"命令。

(6) 更改幻灯片版式

幻灯片版式是幻灯片中标题、副标题、图片、表格、图表和视频等元素的排列方式，由若干个占位符组成。幻灯片中的占位符就是设置了某种版式后，自动显示在幻灯片中的各个虚线框。幻灯片的版式一旦确定，占位符的个数、排列方式也就确定下来了。幻灯片版式的更改可通过下面操作实现：

① 选择一张要更改版式的幻灯片。

② 打开"开始"选项卡→"幻灯片"组→"版式"下拉按钮，打开"幻灯片版式"下拉列表，如图 5-10 所示。

③ 选择图 5-10 中的某一种版式即可替换幻灯片原有版式。

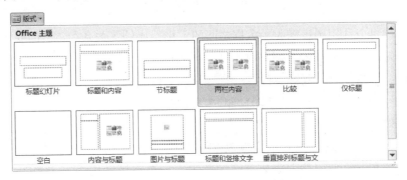

图 5-10 "幻灯片版式"下拉列表

2. 编辑幻灯片内容

在幻灯片中，合理布局文本、表格、图片、图表等元素，可以制作出生动的演示文稿。其中，图片、剪贴画和形状的插入方法及设置与 Word 中的方法一致，这里就不再重复。

(1) 输入与编辑文本

文本是演示文稿中最基本元素，在幻灯片的占位符中输入需要的文本。可以通过"开始"选项卡的"字体"和"段落"分组对选中文本进行编辑。注意：如果要在没有占位符的地方输入文本，可以通过插入文本框的方法实现文本的录入。

(2) 插入表格及图表

在幻灯片中可以添加表格，但最多只能添加 8 行 10 列的表格。

① 选择"插入"选项卡→"表格"组→"表格"下拉按钮，打开"表格"下拉列表，

如图 5-11 所示，直接拖动鼠标选择相应行、列数来插入表格。

② 通过"插入表格""绘制表格"命令来插入表格。

③ 使用插入"Excel 电子表格"命令来插入表格。

新创建的表格样式是统一的，为满足不同用户的需求，可对表格样式进行更改。设置和修改表格样式有两种方法：快速套用已有样式和用户自定义样式。

① 快速套用已有格式。选择需要修改样式的表格，单击"设计"选项卡→"表格样式"组，如图 5-12 所示，选择表格样式。还可以单击 按钮，进行更多样式的选择。

② 用户自定义样式。此功能可以单独为表格中的每个单元格独立设置不同的样式，主要包括设置表格的边框、底纹、效果，如图 5-12 所示。边框设置与底纹设置类似于 Word 中的表格边框和表格背景的设置，本章不再重复。效果设置包括：单元格凹凸效果、阴影效果和映像效果。

图 5-11 "表格"下拉列表

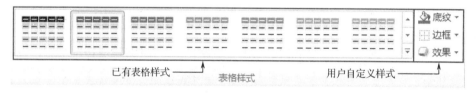

图 5-12 表格样式

在幻灯片中可以使用图表来表示数据之间的大小、比例等关系和数据的变化趋势等。有两种方法可以打开"插入图表"对话框，实现图表的插入：

① 在包含"内容"版式的幻灯片中，单击"内容"占位符中"插入图表"图标 。

② 选择"插入"选项卡→"插图"组→"图表"。

在图 5-13 所示的"插入图表"对话框中，选择图表类型，单击"确定"按钮后，在幻灯片中插入了一个如图 5-14 所示的虚拟数据的图表，同时打开了 Excel 窗口，如图 5-15 所示。先拖拽区域右下角来调整图表数据区域的大小，再将区域内数据更新为具体的图表数据，关闭 Excel 窗口，完成图表的创建。

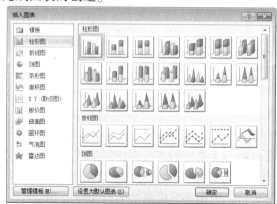

图 5-13 "插入图表"对话框

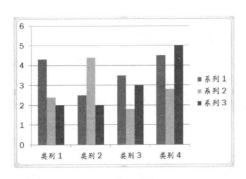

图 5-14 虚拟数据图表

	A	B	C	D	E	F
1		系列 1	系列 2	系列 3		
2	类别 1	4.3	2.4	2		
3	类别 2	2.5	4.4	2		
4	类别 3	3.5	1.8	3		
5	类别 4	4.5	2.8	5		
6						
7						
8		若要调整图表数据区域的大小，请拖拽区域的右下角。				

Sheet1

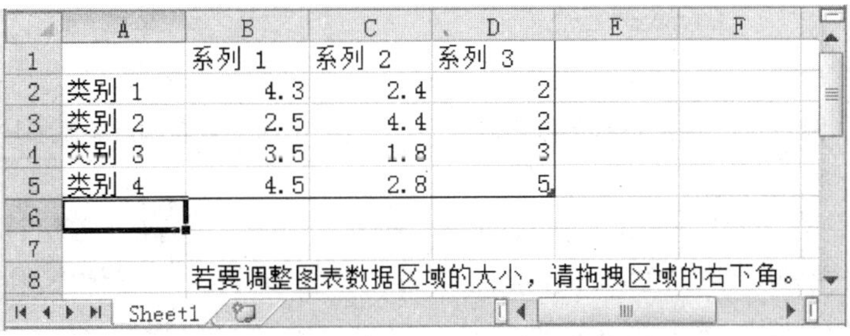

图 5-15 图表数据

(3) 插入 SmartArt 图形

SmartArt 图形是信息和观点的视觉表示形式。可以通过从多种不同布局中进行选择来创建 SmartArt 图形。与文字相比，插入图和图形更有助于人们理解和记住信息。创建 SmartArt 图形的方法是：在“插入”选项卡“插图”组中单击“SmartArt”，弹出“选择 SmartArt 图形”对话框，如图 5-16 所示。在该对话框中选择适合的图形，单击“确定”按钮即可在幻灯片中插入相应的 SmartArt 图形。

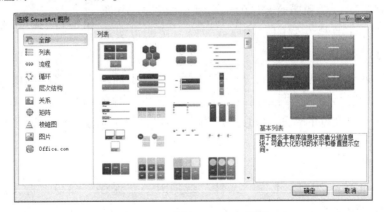

图 5-16 选择 SmartArt 图形

SmartArt 图形中的形状可能与用户需求的形状个数不符，需要添加形状时，可以单击 SmartArt 图形中最接近新形状添加位置的现有形状，通过单击“设计”选项卡上的“创建图形”组中的“添加形状”下拉箭头进行形状的添加，如图 5-17 所示。删除形状只需选中要删除的形状后按 Delete 键即可。

(4) 插入多媒体

在幻灯片制作过程中,除了添加文本、图片、形状、表格、SmartArt 图形等对象以外,还可以添加声音与视频等多媒体对象,下面分别介绍这些对象的添加与使用方法。单击"插入"选项卡,在选项卡功能区的右侧的"媒体"组中,有视频与音频对象的添加按钮,如图 5-18 所示。幻灯片中视频和音频信息可以来自文件,也可以是剪贴画视频和剪贴画音频。

图 5-17 添加形状下拉列表

图 5-18 多媒体对象添加按钮

① 插入视频:在包含"内容"版式的幻灯片中,单击"内容"占位符中"插入媒体剪辑"图标 插入视频文件,也可通过选择"插入"选项卡→"媒体"组→"视频"下拉按钮→"文件中的视频"插入视频文件。

② 插入剪贴画视频:选择"插入"选项卡→"媒体"组→"视频"下拉按钮→"剪贴画视频",在"剪贴画"任务窗格中选择所需的剪贴画视频。

③ 插入音频:选择"插入"选项卡→"媒体"组→"音频"下拉按钮→"文件中的音频",弹出"插入音频"对话框,选择要插入的音频文件。

④ 插入剪贴画音频:通过选择"插入"选项卡→"媒体"组→"音频"下拉按钮→"剪贴画音频",弹出"剪贴画"任务窗格,选择所需的剪贴画音频。插入声音后,幻灯片中显示一个声音图标 和播放音乐的工具栏,如图 5-19 所示。单击播放音乐工具栏左侧的"播放或暂停"按钮可实现播放或暂停音乐。

图 5-19 插入音频文件的幻灯片

【例 5-1】 新建一个演示文稿,并在第 1 张幻灯片下插入 4 张新幻灯片,新幻灯片版式分别为:空白、内容与标题、两栏内容和空白。5 张幻灯片的内容如图 5-20 所示。在第 1 张幻灯片中插入来自文件的音乐"如诗般宁静.mp3",制作完成后以"诗词欣赏.pptx"保存在 D 盘中。

操作步骤如下。

① 启动 PowerPoint 2010,选择"文件"选项卡→"保存"命令,将文件保存在 D 盘中,命名为"诗词欣赏.pptx"。

② 选择"开始"选项卡→"幻灯片"组→"新建幻灯片",按要求选择版式,进行幻灯片插入。

③ 在第 1 张幻灯片中输入标题"诗词欣赏",并选择"插入"选项卡中"媒体"组里的"音频"下拉列表中的"文件中的音频",找到音频文件"如诗般宁静.mp3",通过"插入"按钮插入该幻灯片中。

④ 在第 2 张幻灯片中插入矩形，上方为"同侧圆角矩形"，输入文字"目录"；下方为"矩形"，输入文字"再别康桥"和"致橡树"。

⑤ 在第 3 张幻灯片中输入"再别康桥"标题及内容，在右侧单击"插入来自"，插入来自文件的徐志摩图片。

⑥ 在第 4 张幻灯片中，输入标题"致橡树——节选"和"致橡树"诗中的节选内容。

⑦ 在第 5 张为空白幻灯片，选择"插入"选项卡→"艺术字"组，插入艺术字"谢谢大家观赏"。

图 5-20 "诗词欣赏"样张

5.3 演示文稿的修饰与美化

演示文稿中每张幻灯片的内容可能不同，但各张幻灯片应具有统一的外观，如有相同的背景、统一的文字格式、统一的布局及统一的色彩搭配等。演示文稿中背景、标题样式、文本样式、布局、色彩搭配等方面的设置，直接决定了整个演示文稿的设计风格。

5.3.1 主题的应用

在 PowerPoint 2010 中预设了多种主题样式，用户可根据需要选择所需的主题样式，这样可以轻松快捷地更改演示文稿的整体外观。主题包含主题颜色、主题字体和主题背景效果。默认情况下，PowerPoint 会将"Office 主题"应用于新的空演示文稿。用户可以从内置的主题入手，修改该主题的字体、颜色、效果，创建新主题并保存至主题库中。

1. 为所有幻灯片应用同一主题

【例 5-2】 为"诗词欣赏"演示文稿（例 5-1）中所有幻灯片应用"夏季"主题。
操作步骤如下。

① 打开"诗词欣赏"演示文稿，选中某一张幻灯片。

② 选择"设计"选项卡"主题"组，单击"夏季"主题，将该主题应用到演示文稿所有幻灯片中，如图 5-21 所示。

注意：演示文稿制作完成后，应用某一主题时，幻灯片中内容的位置可能会发生一定的位移,稍加修改即可。

图 5-21　应用"夏季"主题效果

2. 为选中幻灯片应用不同主题

【例 5-3】 为"诗词欣赏"演示文稿(例 5-1)中的第 1 张幻灯片应用"时装设计"主题,第 2 张幻灯片应用"夏至"主题,第 3 张幻灯片应用"流畅"主题,第 4 张幻灯片应用"平衡"主题,第 5 张幻灯片应用"秋季"主题。效果如图 5-22 所示。

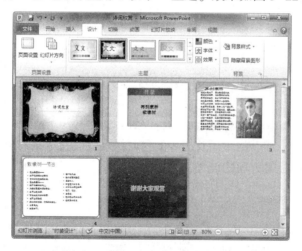

图 5-22　应用主题效果图

操作步骤如下。

① 选中"诗词欣赏"演示文稿中的第 1 张幻灯片。

② 单击"设计"选项卡→"主题"组,右击"时装设计"样式,在如图 5-23 所示的快捷菜单中选择"应用于选定幻灯片"。

提示:其他幻灯片主题的应用方法相同。

3. 修改主题

主题的颜色、字体和效果可根据用户的需求和审美进行修改设置,主要通过"设计"选项卡→"主题"组右侧的三个按钮实现,如图 5-24 所示。

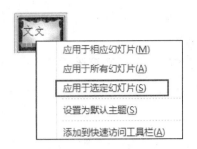

图 5-23 "时装设计"主题应用快捷菜单

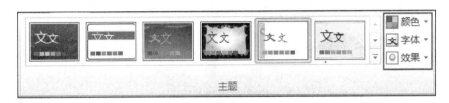

图 5-24 修改主题所用按钮

【例 5-4】 对"诗词欣赏"演示文稿（例 5-1）中的第 2 张幻灯片所应用的主题进行修改，要求：颜色修改为"模块"，字体修改为"跋涉"，效果修改为"流畅"。修改后的效果如图 5-25 所示。

操作步骤如下。

① 选中"诗词欣赏"演示文稿中的第 2 张幻灯片。

② 单击"设计"选项卡→"主题"组→"颜色"下拉按钮，在"颜色"下拉列表中单击"模块"，修改主题颜色。

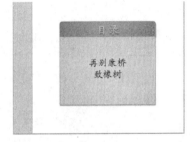

图 5-25 修改主题后的幻灯片效果

③ 在"字体"下拉列表中单击"跋涉"，修改主题字体。

④ 在"效果"下拉列表中单击"流畅"，修改主题效果。

注意：如果演示文稿中所有幻灯片均采用同一种主题样式，那么在更改某一张幻灯片的主题时，需要右击选中的效果，选择"应用于所选幻灯片"，否则，所有幻灯片对应主题的样式均会被修改。

5.3.2 母版的应用

母版具有统一所有幻灯片的背景图案、颜色、字体、效果、占位符的大小和位置的作用，PowerPoint 2010 提供了三种母版，分别是幻灯片母版、讲义母版、备注母版，如图 5-26 所示。其中使用最多的是幻灯片母版，本节只介绍幻灯片母版的使用。

所谓幻灯片母版，实际上就是一张特殊的幻灯片，它可以看作一个用于构建幻灯片的框架。在演示文稿中，所有的幻灯片都基于该幻灯片母版而创建。如果更改了幻灯片母版，则会影响所有基于母版而创建的演示文稿幻灯片。

PowerPoint 2010 中自带了一个幻灯片母版，该母版中包括 11 个版式。要进入母版视图，应单击"视图"选项卡，选择"母版视图"组中的"幻灯片母版"，切换到母版视图下。

图 5-26 "视图"选项卡中的"母版视图"组

在"诗词欣赏"演示文稿中应用了 5 种主题,所以该演示文稿的幻灯片母版就有 5 种不同的样式,而且每一种母版下又包含 11 种版式。图 5-27 所示为第 2 张幻灯片所对应的幻灯片母版样式,可根据需要对其中的某一个版式进行设置。

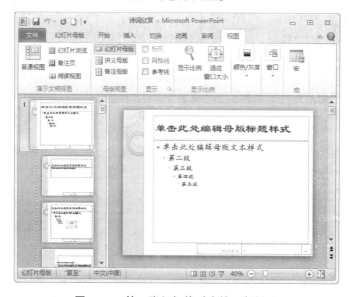

图 5-27 第 2 张幻灯片对应的母版样式

【例 5-5】 为"诗词欣赏"演示文稿中所有幻灯片添加幻灯片编号,并为应用了"时装设计"主题的第 1 张幻灯片设置幻灯片母版样式,要求:将标题文字大小设置为 36 磅,主题颜色为"华丽",主题字体为"沉稳"。

操作步骤如下。

① 打开"诗词欣赏"演示文稿。

② 选择"视图"选项卡→"母版视图"组→"幻灯片母版",切换至"幻灯片母版"视图。

③ 选择第 1 种幻灯片母版,单击"插入"选项卡→"文本"组,单击"页眉和页脚"按钮,打开"页眉和页脚"对话框,如图 5-28 所示。选择"幻灯片编号"复选框后单击"全部应用"按钮。

④ 选定"时装设计"幻灯片母版中的标题样式占位符,选择"开始"选项卡→"字体"组,在"字号"下拉菜单中选择 36 磅。

⑤ 选择"幻灯片母版"选项卡→"编辑主题"组→"颜色"下拉按钮→"华丽"。

⑥ 选择"幻灯片母版"选项卡→"编辑主题"组→"字体"下拉按钮→"沉稳"。

⑦ 选择"幻灯片母版"选项卡→"关闭"组→"关闭母版视图"。

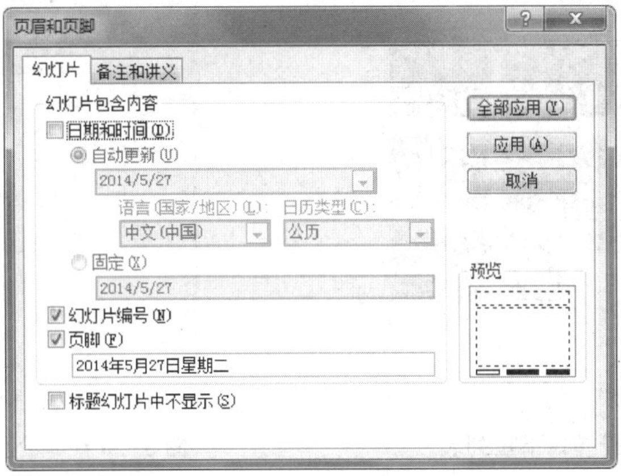

图 5-28 "页眉和页脚"对话框

5.3.3 幻灯片背景设置

在 PowerPoint 2010 中，向演示文稿中添加背景是添加一种背景样式。背景样式来自当前主题，主题颜色和背景亮度的组合构成该主题的背景填充变体。当更改主题时，背景样式会随之更新，以反映新的主题颜色和背景。如果是一张没有应用主题的幻灯片，那么可以填充纯色、渐变色、纹理、图案作为幻灯片的背景，也可以将图片作背景，还可以对图片的饱和度及艺术效果进行设置。

【例 5-6】 为"诗词欣赏"演示文稿中的第 3 张幻灯片应用"样式 11"背景样式，为第 5 张幻灯片添加"漫漫黄沙"预设背景样式，类型"射线"，方向"从右下角"。

操作步骤如下。

① 打开"诗词欣赏"演示文稿，选中第 3 张幻灯片。

② 单击"设计"选项卡→"背景"组，单击"背景样式"按钮的向下箭头，弹出"背景样式"下拉列表。

③ 在下拉列表中右击样式 11，从弹出的快捷菜单中选择"应用于所选幻灯片"命令，如图 5-29 所示。

④ 选中第 5 张幻灯片，打开"背景样式"下拉列表，选择"设置背景格式"命令，弹出"设置背景格式"对话框，如图 5-30 所示。

⑤ 选择"渐变填充"单选按钮，在"预设颜色"下拉列表中选择"漫漫黄沙"，在"类型"下拉列表中选择"射线"，在"方向"下拉列表中选择"从右下角"。

⑥ 单击"关闭"按钮，将背景设置应用于所选定的幻灯片。若单击"全部应用"按钮，则将背景设置应用于所有幻灯片。

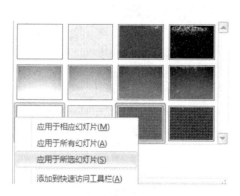

图 5-29　背景样式下拉列表　　　　　图 5-30　"设置背景格式"对话框

5.4　演示文稿动画设置与放映

除了要对每张幻灯片精心设置外，还更进行幻灯片的动画设置。只有具有丰富合理的动画效果，才能完成预期播放效果。幻灯片动画设置包括幻灯片上对象的动画设置和幻灯片切换效果设置。幻灯片切换可通过设置"幻灯片切换"命令实现，还可通过设置超级链接和添加动作按钮实现。

5.4.1　添加动画效果

演示文稿中每一张幻灯片都是由对象构成的，对象可以是标题、文本、表格、图形等。幻灯片动画就是指为幻灯片中的对象添加的各种动画效果，如进入屏幕、退出屏幕的动画效果，也可以添加动作路径，还可为所选对象设置放大、缩小、填充颜色等强调动画效果。

1. 添加动画效果

添加动画的方法主要有两种：

① 选中幻灯片中某个对象，通过"动画"选项卡→"动画"组添加动画效果。

② 通过"动画"选项卡→"高级动画"组中的"添加动画"下拉按钮实现动画的添加，如图 5-31 所示。

图 5-31　"动画"选项卡

【例 5-7】　为"诗词欣赏"演示文稿中第 1 张幻灯片的标题文字设置"弹跳"动画效果，第 5 张幻灯片中的艺术字动画效果为"快速旋转"进入。

操作步骤如下。

① 选中"诗词欣赏"演示文稿中第 1 张幻灯片的标题占位符。

② 选择"动画"选项卡→"动画"组→"其他"按钮，在"进入"分组中选择"弹跳"动画，如图 5-32 所示。

③ 在动画效果选择下拉列表中除了"进入"分类外还包括"强调"、"退出"和"动作路径"效果分类，用户可以根据需要进行选择。

④ 选中第 5 张幻灯片中的艺术字，选择"动画"选项卡→"动画"组→"旋转"效果。

⑤ 单击"动画"组对话框启动器，弹出"旋转"对话框，如图 5-33 所示。选择"计时"选项卡，在"期间"列表中选择"快速（1 秒）"。

注意：有些动画效果需要设置方向，可通过图 5-33 中的"效果"选项卡→"方向"进行设置。

图 5-32　动画效果下拉列表

图 5-33　"旋转"效果选项对话框

2. 设置动画顺序

幻灯片中动画的播放顺序是按添加动画的先后顺序确定的。选择"动画"选项卡→"高级动画"组→"动画窗格"，弹出"动画窗格"，如图 5-34 所示，当前幻灯片中所有的动画都会在窗格中显示。选定一个对象动画，单击"重新排序"按钮，或者在动画窗格中拖动对象动画，均可调整动画的放映顺序。

3. 复制动画

选择一个已经设置动画的对象，单击"高级动画"组中的"动画刷"按钮，如图 5-35 所示。鼠标指针呈"　"状，再单击幻灯片中的其他对象，则两个对象的动画效果一致。若双击"动画刷"，则可以多次复制动画到多个对象上。

图 5-34　动画窗格

图 5-35　动画刷

4. 删除动画

在图 5-34 所示的"动画窗格"中选定某个对象动画,按 Delete 键,可以删除动画效果,而不会删除该对象。

5.4.2 添加幻灯片切换效果

1. 切换效果

幻灯片切换效果,就是指两张连续的幻灯片之间的过渡效果,即从前一张幻灯片转到下一张幻灯片之间要呈现出的样貌。幻灯片的切换类型分为细微型、华丽型和动态内容三种。

【例 5-8】 为"诗词欣赏"演示文稿中每 1 张幻灯片设置一种不同的切换效果,所有幻灯片在切换时都伴随风铃声,切换时间间隔均为 5 秒。

操作步骤如下。

① 为每一张幻灯片设置一种切换效果。

② 打开"诗词欣赏"演示文稿,选中第 1 张幻灯片。

③ 选择"切换"选项卡→"切换到此幻灯片"组→"其他"效果按钮,弹出切换效果下拉列表,如图 5-36 所示,选择"细微型"中的"形状"。

图 5-36 幻灯片切换效果

④ 选择"切换"选项卡→"切换到此幻灯片"组→"效果选项"下拉按钮→"菱形",如图 5-37 所示。

⑤ 分别选择第 2、3、4、5 张幻灯片,重复上面操作,为其添加不同的切换效果。

2. 设置切换时伴随的声音

幻灯片在切换的同时还可伴随声音。默认情况下,演示文稿中的幻灯片没有任何切换效果。

① 选择某一张幻灯片,打开"切换"选项卡→"计时"组→"声音"下拉按钮→"风铃"。

② 在"计时"组中,选择"设置自动换片时间"复选框,输入"00:05.00"。

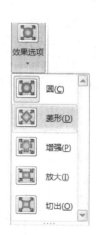

图 5-37 效果选项下拉列表

③ 在"计时"组中,单击"全部应用"按钮。

5.4.3 设置超链接

超链接是由当前幻灯片的标题或内容指向别的目的页面的连接点。具体的识别方法是当鼠标移动到某些文字、图片或按钮上，鼠标箭头变成一个小手或变为特殊的颜色，即为超链接，单击可进入相关页面。超链接是控制演示文稿播放的一种重要手段，可以在播放时以顺序或定位方式"自由跳转"。创建超链接的对象可以是文字、文本框、图形、图片、动作按钮等。本节主要介绍以动作按钮和文字创建的超链接。

1. 插入动作按钮

PowerPoint 的标准动作按钮包括"自定义""第一张""后退或前一项""前进或下一项""开始"等。尽管这些按钮都有自己的名称，用户仍可以将它们应用于其他功能。

【例 5-9】 在"诗词欣赏"演示文稿的第 2 张幻灯片右下角插入"下一项"动作按钮。为第 4 张幻灯片添加"自定义"动作按钮，按钮上文字为"返回目录"，使其与第 2 张幻灯片链接。

操作步骤如下。

为第 2 张幻灯片添加动作按钮：

① 选择"诗词欣赏"演示文稿中的第 2 张幻灯片。

② 选择"插入"选项卡→"插图"组→"形状"下拉按钮，在"动作按钮"类中单击"前进或下一项"按钮。

③ 鼠标变为十字形，在第 2 张幻灯片的右下角拖曳鼠标，画出一个矩形按钮。

④ 松开鼠标，弹出"动作设置"对话框，如图 5-38 所示。选择"超链接到"单选按钮，单击"确定"按钮。

为第 4 张幻灯片添加动作按钮：

① 选中第 4 张幻灯片，打开"插入"选项卡→"插图"组→"形状"下拉按钮，选择"自定义"动作按钮。

② 在第 4 张幻灯片的右下角绘制动作按钮，松开鼠标左键，弹出"动作设置"对话框，选择"超链接到"单选按钮，并打开下方的下拉菜单，选择"选灯片…"。

③ 弹出如图 5-39 所示的"超链接到幻灯片"对话框，选择演示文稿中第 2 张幻灯片，单击"确定"按钮，退回到图 5-38 所示的对话框，单击"确定"按钮。

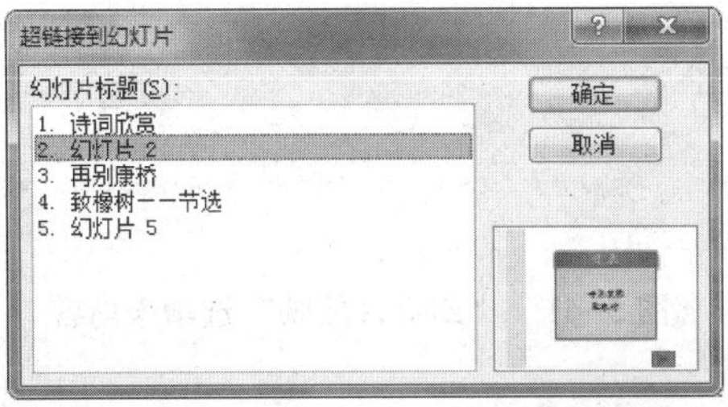

图 5-38 "动作设置"对话框

图 5-39 "超链接到幻灯片"对话框

④ 此时动作按钮上是空的，没有文字，右击该按钮，弹出快捷菜单，选择"编辑文字"，即可在按钮上输入文字，输入"返回目录"。

注意：动作按钮的样式可在"格式"选项卡中的"形状样式"组中进行选择和设置。

2．创建超链接文字

【例 5-10】 为"诗词欣赏"演示文稿中的第 2 张幻灯片上的文字创建超链接。要求：文字"再别康桥"与第 3 张幻灯片链接，文字"致橡树"与第 4 张幻灯片链接。

操作步骤如下。

① 选中第 2 张幻灯片上的文字"再别康桥"。

② 选择"插入"选项卡→"链接"组→"超链接"，或者按 Ctrl+K 键，弹出"插入超链接"对话框，如图 5-40 所示。

图 5-40 "插入超链接"对话框

③ 单击"链接到"一栏中的"本文档中的位置"，在"请选择文档中的位置"列表中，选择要链接到的目标幻灯片"3. 再别康桥"，单击"确定"按钮，完成超级链接的创建。

④ 选中第 2 张幻灯片中的文字"致橡树"，在"插入超链接"对话框中，选择"4. 致橡树——节选"，单击"确定"按钮，完成超链接的创建。

放映带有超链接的幻灯片时，鼠标指针移动到设置为超链接的对象上时，鼠标指针呈"🖑"状，单击鼠标，会跳转到指定目标的幻灯片上。

5.4.4 演示文稿放映方式

演示文稿制作完成后，要通过播放的形式向他人展示文稿中的内容信息。PowerPoint 中演示文稿的放映方式可以通过"幻灯片放映"选项卡设置并实现。"幻灯片放映"选项卡内容如图 5-41 所示。

图 5-41 "幻灯片放映"选项卡内容

1．放映幻灯片

在"幻灯片放映"选项卡左侧"开始放映幻灯片"组中，通过单击"从头开始"命令按钮，可实现从演示文稿第 1 张幻灯片开始进行放映；单击"从当前幻灯片开始"命令按钮，可实现从选中的当前幻灯片开始进行放映。

演示文稿中包含若干张幻灯片，但放映演示文稿时可能只需放映其中的某几张幻灯片，此时可单击"开始放映幻灯片"组→"自定义幻灯片放映"下拉按钮，单击"自定义放映"命令，弹出"自定义放映"对话框，如图 5-42 所示。

单击"自定义放映"对话框上的"新建"按钮，弹出"定义自定义放映"对话框，在"幻灯片放映名称"处输入名称，如"新内容欣赏"，在左侧选择要播放的幻灯片，可结合 Shift 键或 Ctrl 键进行选择，单击"添加"按钮，被选中的幻灯片出现在对话框的右侧"在自定义放映中的幻灯片"中，如图 5-43 所示。单击"确定"按钮后，回到图 5-42 所示的对话框，单击"关闭"按钮完成自定义放映幻灯片的设置；单击"放映"按钮可对自定义的幻灯片进行放映。

图 5-42 "自定义放映"对话框

图 5-43 "定义自定义放映"对话框

对于已经存在的自定义放映，可在"自定义放映"对话框中进行"编辑""删除"和"复制"操作。

无论选择哪一种放映方式，都可通过 Esc 键或在右键快捷键菜单中选择"结束放映"命令来结束演示文稿的放映。

2. 设置幻灯片放映方式

默认情况下，演讲者需要手动放映演示文稿，如通过按任意键完成从一张幻灯片切换到另一张幻灯片。演讲者还可以创建自动播放演示文稿，如用于商贸展示或展台。演示文稿放映方式可通过选择"幻灯片放映"选项卡→"设置"组，单击"设置幻灯片放映"按钮，弹出如图 5-44 所示的"设置放映方式"对话框进行设置。

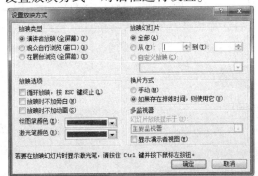

图 5-44 "设置放映方式"对话框

用户可根据在不同场合运用演示文稿的需要，选择 3 种不同的幻灯片放映方式。

（1）演讲者放映（全屏幕）

这是最常用的放映方式，由演讲者自动控制全部放映过程，可以采用自动或人工的方式进行放映，还可以改变幻灯片的放映流程。

（2）观众自行浏览（窗口）

这种放映方式可以用于小规模的演示。以这种方式放映演示文稿时，演示文稿会出现在小型窗口内，并提供相应的操作命令，允许移动、编辑、复制和打印幻灯片。在此方式中，观众可以通过该窗口的滚动条从一张幻灯片移到另一张幻灯片，同时打开其他程序。

（3）在展台浏览（全屏幕）

这种方式可以自动放映演示文稿，是不需要专人播放幻灯片就可以发布信息的绝佳方式，能够使大多数控制都失效，这样观众就不能改动演示文稿。当演示文稿自动运行结束，或者某张人工操作的幻灯片已经闲置一段时间时，它都会自动重新开始。

放映方式选择完成后，用户还可以选择"放映选项"，包括循环放映、按 Esc 键终止、放映时不加动画、放映时不加旁白。

3. 录制幻灯片

在 PowerPoint 2010 中新增了"录制幻灯片演示"功能，该功能可以选择开始录制或清除录制的计时和旁白位置。它相当于以往版本中的"录制旁白"功能，将演讲者在讲解演示文件的整个过程中的声音录制下来，方便日后在演讲者不在的情况下，听众能更准确地理解演示文稿的内容。

【例 5-11】 从头开始录制演示文稿"诗词欣赏"，要求：录制的内容为"幻灯片和动画计时"。

操作步骤如下。

① 在"幻灯片放映"选项卡中，单击"录制幻灯片演示"按钮，在弹出的下拉列表中单击"从头开始录制"命令，如图 5-45 所示。

② 弹出"录制幻灯片演示"对话框，选中"幻灯片和动画计时"复选框，单击"开始录制"按钮，如图 5-46 所示。

③ 进入幻灯片放映视图，弹出"录制"工具栏，如图 5-47 所示。演讲者手动放映演示文稿中的每一张幻灯片，"录制"工具栏将会录制每一张幻灯片上进行的操作，并对该幻灯片演示的时间进行统计。

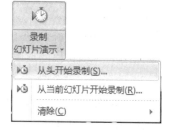

图 5-45 录制幻灯片下拉列表

④ 演示文稿中的所有幻灯片均放映完成后，按 Esc 键结束录制，此时演示文稿会自定切换到幻灯片浏览视图下，并在每一张幻灯片的下方显示幻灯片的播放时间。

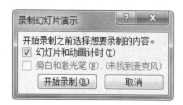

图 5-46 录制幻灯片演示对话框

图 5-47 录制工具栏

如果对录制的旁白或计时不满意，可单击图 5-45 下拉列表中的"清除"命令，在其下一级菜单中单击"清除当前幻灯片中的计时"命令或者"清除当前幻灯片中的旁白"命令，即可删除当前幻灯片中的计时或旁白。

5.5 演示文稿的打印与打包

5.5.1 演示文稿的打印

为了查阅方便，可以将制作好的演示文稿打印出来，在打印前，一般需要进行页面设置。具体操作步骤如下：

① 在"设计"选项卡下的"页面设置"组中单击"页面设置"按钮，打开"页面设置"对话框，如图 5-48 所示，设置好幻灯片大小、方向等。

② 在"文件"选项卡中选择"打印"命令，打开"打印"窗口，如图 5-49 所示。单击该窗口右侧"打印机属性"超链接，在弹出的对话框中设置打印纸张的大小与方向。

③ 再单击"编辑页眉和页脚"超链接，对页眉和页脚进行设置，并单击"全部应用"按钮，返回。单击"打印"按钮进行演示文稿的打印。

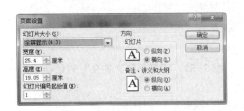

图 5-48 "页面设置"对话框

图 5-49 打印设置

5.5.2 演示文稿的打包

PowerPoint 提供的打包功能是将演示文稿编辑过程中所涉及的各种文件，包括演示文稿本身、媒体文件、图像文件、PowerPoint 播放器和链接对象的其他文件，打包成 CD 或复制到一个文件夹。放映演示文稿时，即使计算机中没有安装 PowerPoint，也可通过解包的方法来放映演示文稿。

1. 打包成文件夹

【例 5-12】 打包演示文稿"诗词欣赏"。

① 打开"诗词欣赏"演示文稿。

② 选择"文件"选项卡→"保存并发送"组→"将演示文稿打包成 CD"，如图 5-50

所示。单击"打包成 CD"按钮,弹出"打包成 CD"对话框,如图 5-51 所示。

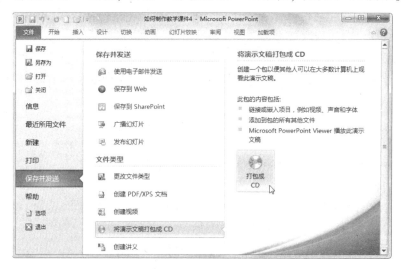

图 5-50 将演示文稿打包成 CD

③ 单击"复制到文件夹"按钮,弹出"复制到文件夹"对话框,如图 5-52 所示。文件夹名称可以直接输入,文件夹位置可以单击"浏览"按钮进行确定。

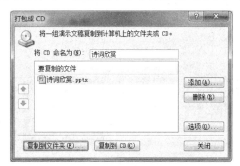

图 5-51 "打包成 CD"对话框

图 5-52 "复制到文件夹"对话框

④ 单击"确定"按钮,即可将演示文稿、链接文件等文件复制到指定位置。

2. 解包

如需在没有安装 PowerPoint 的计算机上放映演示文稿打包文件,需要先解包才可以放映。实现步骤如下:

① 打开打包文件夹中的"PresentationPackage \ PresentationPackage.html"文件,如图 5-53 所示。

② 单击"Download Viewer"链接,下载 PowerPoint 播放器,安装 PowerPoint 播放器。

③ 运行"开始"→"所有程序"→"Microsoft PowerPoint Viewer",选择打包文件夹中的演示文稿,演示文稿即可放映。

图 5-53　解包窗口

5.5.3　将演示文稿创建为视频文件

在 PowerPoint 2010 中新增了将演示文稿创建成视频文件功能，可以将当前演示文稿创建为一个全保真的视频，此视频可通过光盘、Web 或电子邮件分发。创建的视频中包含所有录制的计时、旁白，还包括幻灯片放映中未隐藏的所有幻灯片。创建视频所需的时间视演示文稿的长度和复杂度而定。在创建视频的同时，可继续使用 PowerPoint 应用程序。

【例 5-13】 为"诗词欣赏"演示文稿创建视频文件。

操作步骤如下。

① 选择"文件"选项卡→"保存并发送"命令，在"文件类型"组中选择"创建视频"选项。

② 在右侧的"创建视频"选项下，单击"计算机和 HD 显示"，在弹出的下拉列表中选择视频文件的分辨率，如图 5-54 所示。

③ 如果要在视频中使用计时和旁白，可以单击"使用录制的计时和旁白"下拉列表按钮，在弹出的下拉列表中单击"使用录制的计时和旁白"选项，如图 5-55 所示。

图 5-54　选择视频文件的分辨率

图 5-55　选择"使用录制的计时和旁白"

④ 单击"创建视频"按钮，在弹出的"另存为"对话框中设置视频文件的文件名及保存该视频的位置，单击"保存"按钮。此时，在 PowerPoint 演示文稿的状态栏中，会显示演示文稿创建为视频的进度，用户可在此状态下放映演示文稿。当完成制作视频进度后，将演示文稿创建为视频就制作完成了。

⑤ 双击视频文件，即可开始播放该演示文稿，如图 5-56 所示。

图 5-56 播放视频文件

一、单项选择题

1. PowerPoint 2010 的功能是（　　）。

A. 文字处理　　　　　　　　　　B. 表格处理

C. 图表处理　　　　　　　　　　D. 电子演示文稿处理

2. PowerPoint 2010 中，执行"插入新幻灯片"的操作，被插入的幻灯片将出现在（　　）。

A. 当前幻灯片之前　　B. 当前幻灯片之后　　C. 最前　　　　　　D. 最后

3. 要选择多张不连续的幻灯片，可借助（　　）键。

A. Shift　　　　　　B. Ctrl　　　　　　　C. Enter　　　　　　D. Alt

4. 进入幻灯片母版的方法是（　　）。

A. 在"设计"选项卡上选择一种主题

B. 在"视图"选项卡上单击"幻灯片浏览视图"按钮

C. 在"视图"选项卡上单击"幻灯片母版"按钮

D. 在"文件"选项卡上选择"新建"命令下的"样本模式"

5. PowerPoint 2010 中"超链接"的作用是（　　）。

A. 在演示文稿中插入幻灯片　　　　B. 关闭幻灯片

C. 内容跳转　　　　　　　　　　　D. 删除幻灯片

6. 如果要终止演示文稿的放映，可直接按（　　）键。

A. Shift　　　　　　B. Ctrl　　　　　　　C. Esc　　　　　　　D. Alt

7. 对于演示文稿中不准备放映的幻灯片，可用（　　）选项卡中"隐藏幻灯片"命令隐藏。

A. 工具　　　　　　B. 视图　　　　　　　C. 幻灯片放映　　　　D. 幻灯片浏览视图

8. 用 PowerPoint 2010 创建的文件扩展名是（　　）。

A. .pptx　　　　　　B. .ppt　　　　　　　C. .txt　　　　　　　D. .bmp

9. 在 PowerPoint 2010 中,"动画"的功能是（　　）。
 A. 插入 Flash 动画　　　　　　　　B. 设置放映方式
 C. 设置幻灯片的放映方式　　　　　D. 给幻灯片内的对象添加动画效果
10. 在任何版式的幻灯片中都可以插入图表,除了在"插入"选项卡中单击"图表"按钮来完成图表的创建外,还可以用（　　）实现图表的插入操作。
 A. SmartArt 图形中的矩形图　　　　B. 图片占位符
 C. 表格　　　　　　　　　　　　　D. 图表占位符
11. 在 PowerPoint 2010 中,不能对幻灯片内容进行修改的视图是（　　）。
 A. 大纲视图　　B. 普通视图　　C. 幻灯片浏览视图　　D. 幻灯片视图
12. 为了在切换幻灯片时播放声音,可以单击（　　）选项卡的"声音"下拉列表。
 A. 幻灯片放映　　B. 设计　　C. 动画　　D. 切换
13. 当在展览会上进行产品广告片放映时,应选择（　　）放映方式。
 A. 演讲者放映　　B. 观众自行浏览　　C. 在展台浏览　　D. 幻灯片放映
14. 如果想在一个没有安装 PowerPoint 2010 的计算机上打开演示文稿,可以（　　）。
 A. 先打包演示文稿,再通过下载 PowerPoint 播放器播放演示文稿
 B. 先压缩演示文稿,再解压缩演示文稿
 C. 先打包演示文稿,再解压缩演示文稿
 D. 先压缩演示文稿,再解包演示文稿
15. （　　）是能够复制一个对象的动画,并将这些动画应用到其他对象的工具。
 A. 动画排序　　B. 格式刷　　C. 动画刷　　D. 计时

二、多项选择题

1. 在 PowerPoint 2010 中,创建新演示文稿的方法有（　　）。
 A. 打开内置模板　　　　　　　　　B. 空演示文稿
 C. 根据主题创建　　　　　　　　　D. 根据已有演示文稿创建
2. PowerPoint 2010 可用于（　　）。
 A. 学术交流　　　　　　　　　　　B. 产品演示
 C. 制作授课课件　　　　　　　　　D. 制作商业演示广告
3. 在 PowerPoint 2010 中,幻灯片版式有（　　）。
 A. 标题版式　　B. 内容版式　　C. 标题和内容版式　　D. 空白版式
4. 在 PowerPoint 2010 中,下列（　　）对象可以创建超链接。
 A. 文本　　B. 表格　　C. 图片　　D. 形状
5. 幻灯片被隐藏后,可在（　　）看到幻灯片的隐藏标记。
 A. 幻灯片浏览视图　　　　　　　　B. 幻灯片放映视图
 C. 普通视图的"幻灯片"选项卡　　D. 普通视图的"幻灯片"选项卡
6. 下列关于调整幻灯片位置方法的叙述,正确的是（　　）。
 A. 在幻灯片浏览视图中,直接用鼠标拖曳到合适位置
 B. 可以在大纲视图下拖动
 C. 可以用"剪切"和"粘贴"的方法
 D. 以上操作都对

7. 在使用了版式之后，幻灯片标题（　　　）。

A. 可以修改格式　　　B. 不能修改格式　　　C. 可以移动位置　　　D. 不能移动位置

8. 在使用幻灯片放映视图放映演示文稿的过程中，若要结束放映，可（　　　）。

A. 按 Esc 键

B. 右键单击，从快捷菜单中选择"结束放映"

C. 按 Enter 键

D. 按 Ctrl+E 键

9. PowerPoint 2010 中的普通视图下，包含（　　　）。

A. 大纲/幻灯片窗格　B. 幻灯片窗格　　　C. 备注窗格　　　　D. 任务窗格

10. 在 PowerPoint 2010 中，页面设置可以（　　　）。

A. 设置幻灯片大小　　　　　　　　　　B. 设置演示文稿大小

C. 设置演示文稿方向　　　　　　　　　D. 设置幻灯片方向

三、填空题

1. 在一个演示文稿中_____（填"能"或"不能"）同时使用不同的模板。

2. 在 PowerPoint 2010 中，可以对幻灯片进行移动、删除、复制和设置动画效果，但不能对单独的幻灯片内容进行编辑的视图是_____。

3. 插入一张新幻灯片，可以单击"开始"选项卡下的_____按钮。

4. 幻灯片删除可以先选择要删除的幻灯片，然后通过快捷键_____或快捷菜单中的_____命令进行删除。

5. 对于演示文稿中不准备放映的幻灯片，可以用_____选项卡中的"隐藏幻灯片"命令隐藏。

6. 在 PowerPoint 2010 中要插入图片，可在"插入"选项卡中选择_____按钮。

7. 在 PowerPoint 2010 中，为每张幻灯片设置放映时的切换方式，可以使用两种方式：一种是_____，另一种是设置自动换片时间。

8. 在 PowerPoint 2010 中可以使用组合键_____来创建新的演示文稿。

四、综合题

1. 简述演示文稿、幻灯片及幻灯片对象之间的关系。

2. 简述超链接的定义及作用。

3. 简述演示文稿的视图方式。

4. 简述如何将演示文稿转换为视频文件。

第6章

计算机网络基础

计算机网络是通信技术与计算机技术相结合的产物,是现代信息社会发展的基础。随着信息技术的快速发展与普及,计算机网络技术正以前所未有的速度向世界的每一个角落延伸。现在计算机网络已经遍布社会的各个领域,包括现代工业、军事国防、企业管理、科教卫生、政府公务、安全防范、智能家电等。计算+机网络技术已经成为各行各业人士的必备技能及各专业学科学生必修的学习课程。

6.1 计算机网络概述

1. 计算机网络的定义和发展

计算机网络的一般定义为:将分散在不同地理位置上的多台计算机、终端和外部设备通过通信设备和线路互连起来,从而实现彼此间的数据传输,并实现资源共享的功能。

一种新技术的产生一般具备两个条件,即社会需求和成熟的前期技术。随着计算机技术和通信技术的发展,计算机网络技术应运而生。总体来看,计算机网络的发展分为4个阶段。

(1)面向终端的计算机网络(第一阶段)

第一阶段的计算机网络发展从 1946 年 20 世纪 50 年代末开始,其主要特征是以单处理机为中心的互连系统,即主机面向终端系统,如图 6-1 所示。

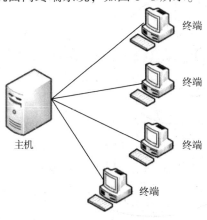

图 6-1 第一阶段的计算机网络

这一阶段的计算机网络属于集中式网络，优点在于方便管理，而缺点也显而易见：①主机负荷重，对主机依赖较强；②线路利用率低；③可靠性差，一旦主机发生故障，整个网络会发生瘫痪。为了解决网络存在的不足之处，进行了如图 6-2 所示的改进。

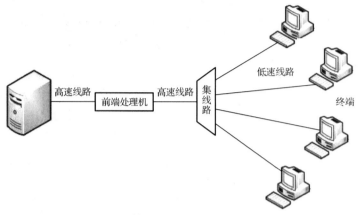

图 6-2　第一阶段改进的计算机网络

改进的计算机网络特点是：多处理机（主计算机和前端处理机）；数据处理和通信分工合作（主计算机负责数据处理，前端处理机负责与远程终端通信）；集线器的使用缩短了系统线路的长度，提高了线路的使用率。然而，此时的计算机网络依然无法解决可靠性的问题。

（2）以分组交换为中心的计算机网络（第二阶段）

这一阶段的计算机网络诞生于 20 世纪 50 年代末，美国国防部高级研究局（ARPA）创建了 ARPA 网（ARPANET），这是 Internet 的前身。在这种系统中，将多个主机互连系统相互连接起来，形成了以多处理机为中心的网络，并利用通信线路将多台主机连接起来，为终端用户提供服务。

这一阶段的计算机网络提出了资源子网和通信子网的概念，使网络的数据处理和数据通信有了清晰的功能界面，如图 6-3 所示。

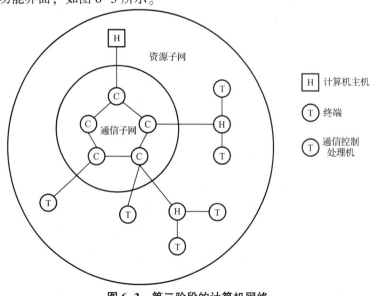

图 6-3　第二阶段的计算机网络

资源子网主要负责网络的信息处理，为用户提供网络服务和资源共享的功能，主要包括网络中的所有计算机、I/O 设备和终端，各种网络协议、网络软件和数据库等。通信子网主要负责网络的数据通信，为网络用户提供数据传输、转接、加工和转换等通信处理工作，主要包括数据的传输介质、网络连接设备（如中继器、集线器、网桥、路由器、网关等）、网络通信协议、通信控制软件等。

（3）以 OSI 为核心的计算机网络（第三阶段）

第三阶段大致从 20 世纪 70 年代中期开始。这一阶段，不同厂家生产的设备遵循各自制定的网络标准，不能实现互连，大大阻碍了网络的发展。为了解决这一问题，国际标准化组织（ISO）制定了计算机网络体系结构的标准：开放性互连参考模型（OSI）。使得厂家设备、协议达到全网互连，促进符合国际标准的计算机网络技术的发展。

（4）高速综合型网络（第四阶段）

第四阶段从 20 世纪 90 年代开始。这一阶段，局域网技术已经逐渐发展成熟，光纤、高速网络技术、多媒体和智能网络相继出现，计算机网络向网络化、综合化、高速化方向发展。这一时期发生了两件标志性的事件：其一，Internet 的始祖 ARPANET 宣布关闭，计算机网络从最初的 ARPANET 过渡到 Internet 时代；其二，万维网（World Wide Web，WWW）的出现，把 Internet 带进家庭和企业，为更多的网络服务提供平台。

2. 计算机网络的主要功能

计算机网络的主要功能是向用户提供资源（硬件、软件及数据与信息）共享和数据传输。

（1）硬件资源共享

硬件资源共享指共享在网络中的任意一台计算机主机附加的硬件设备，如打印机、绘图仪、硬盘及 CPU 等。

（2）软件资源共享

网络用户可以通过网络登录到远程计算机或者服务器上，从而共享联网计算机中的软件。

（3）数据与信息共享

共享联网计算机的数据库及各种信息资源，如 E-mail、FTP、视频等。

3. 计算机网络的分类

计算机网络可以按照不同的标准进行分类。如按拓扑结构，可分为星形、总线型、网状和环形；按传输技术，可分为广播式网络和点到点网络；按传输介质，又可分为有线网和无线网等。其中，最常用的分类方法是按网络的覆盖范围进行划分，将计算机网络分为广域网、城域网和局域网。

（1）广域网（Wide Area Network，WAN）

广域网的作用范围通常为几十千米到几千千米，可以跨越辽阔的地理区域进行长距离的信息传输，所包含的地理范围通常是一个国家或大洲。

在广域网内，用于通信的传输装置和介质一般由电信部门提供，网络则由多个部门或国家联合组建，网络规模大，能实现较大范围的资源共享。

（2）局域网（Local Area Network，LAN）

局域网是一个单位或部门组建的小型网络，一般局限在一座建筑物或一个园区内，其作用范围通常为几米至几千米。现代局域网络一般使用一台高性能的微机作为服务器，工作站可以使用中低档次的微机。一方面，工作站可作为单机使用；另一方面，也可通过工作站向网络系统请示服务和访问资源。

（3）城域网（Metropolitan Area Network，MAN）

城域网的作用范围介于广域网和局域网之间，它可以覆盖一组邻近的公司或一个城市，支持数据和声音，并有可能涉及当地的有线电视网，作用范围一般为几十千米。

4．网络的拓扑结构

拓扑（topology）是一个数学概念，它把物理实体抽象成与其大小和形状无关的点，把连接实体的线路抽象成线，进而研究点、线、面之间的关系。计算机网络也采用拓扑学中的研究方法，将网络中的设备定义为节点，把两个设备之间的连接线路定义为链路。最常用的网络拓扑结构有四种：总线型拓扑、星形拓扑、环形拓扑、网状拓扑。

（1）总线型拓扑结构

总线型结构是局域网络中常用的一种结构。在这种结构中，所有的用户设备都连接在一条公共传输的总线上，通信时信息沿总线进行广播式传送，如图6-4所示。

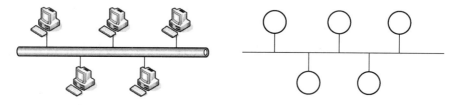

图6-4　总线型拓扑结构

总线型拓扑结构的特点是：结构简单、实现容易、易于扩展、可靠性较好，但故障诊断困难。

（2）星形拓扑结构

星形拓扑结构由一个中央节点和若干从节点组成，如图6-5所示。中央节点可以与从节点直接通信，而从节点之间的通信必须经过中央节点的转发。星形拓扑结构的特点是：拓扑结构简单、易于实现、便于管理、网络延时短、误码率低。但是网络的中心节点是全网可靠性的关键，中心节点的故障可能会造成全网瘫痪，并且网络共享能力较差，通信线路利用率不高。

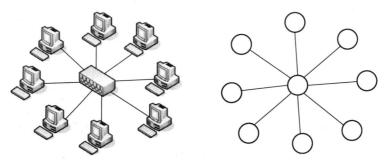

图6-5　星形拓扑结构

（3）环形拓扑结构

在环形拓扑结构中，节点通过点到点通信线路循环成一个闭合环路。环中数据将沿一个方向逐站传送，如图 6-6 所示。环形拓扑结构简单，传输延时确定；但环中点与点通信线路都会成为网络可靠性的"瓶颈"，环中任何一个节点出故障，都有可能造成全网瘫痪，环节点的加入和撤出过程都比较复杂。

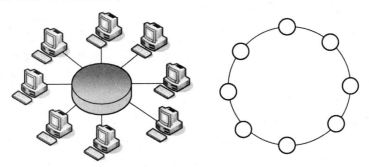

图 6-6　环形拓扑结构

（4）网状拓扑结构

网状拓扑结构中每个节点至少与其他两个节点直接相连。利用冗余的设备和线路来提高网络的可靠性，如图 6-7 所示。

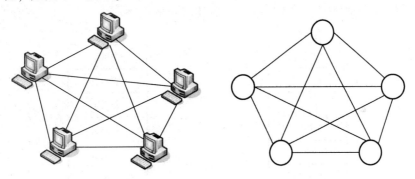

图 6-7　网状拓扑结构

网状拓扑结构的容错能力强，如果网络中一个节点或一段链路发生故障，信息可通过其他节点和链路到达目的节点，故可靠性高，但其建网费用高，布线困难。

6.2　网络体系结构与协议

由于不同厂家不同类型的计算机，其操作系统、信息表示方法等都存在差异，因此它们的通信需要遵循共同的规则和约定，如同不同语言的人类进行对话时，需要一种标准语言才能够交流。网络协议是网络通信的语言，是通信的规则和约定。协议规定了通信双方互相交换数据或者控制信息的格式、所应给出的响应和完成的动作，以及它们之间的时间关系。

1．网络协议

一个计算机网络有许多相互连接的节点，在这些节点之间要不断地进行数据的交换。要做到有条不紊地交换数据，每个节点必须遵守一些事先约定好的规则。这些为进行网络中的数据交换而建立的规则、标准或约定称为网络协议。

网络具有三个要素：语义、语法与时序。

语义：用于解释数据格式中每一个字段的含义，即定义"做什么"。

语法：数据与控制信息的结构或格式，即定义"怎么做"。

时序：事件实现顺序的详细说明，即定义"何时做"。

2. 网络体系结构

网络协议对计算机网络是不可或缺的，一个功能完备的计算机网络需要制定一套复杂的协议。对于复杂的计算机网络协议，最好的组织方式是按一系列层或级来组织，每一层都建立在前一层的基础之上，层的数目、每层的名称、每层的内容及每层的功能都视网络的不同而有所区别，这就是结构化设计思想的体现。

所谓网络体系，就是为了完成计算机间的通信合作，把每个计算机互连的功能划分成有明确定义的层次，规定了同层次进程通信的协议、相邻层之间的协议、相邻层之间的接口及服务。将这些同层进程通信的协议及相邻层接口统称为网络体系结构。

3. 网络参考模型

国际标准化组织 ISO 于 1979 年提出了开放互连参考模型，即 ISO/OSI RM。这是一个标准化开放式计算机网络层次结构模型。

OSI 的体系结构定义了一个七层模型，从下向上依次为物理层、数据链路层、网络层、传输层、会话层、表示层和应用层，各层表示如图 6-8 所示。

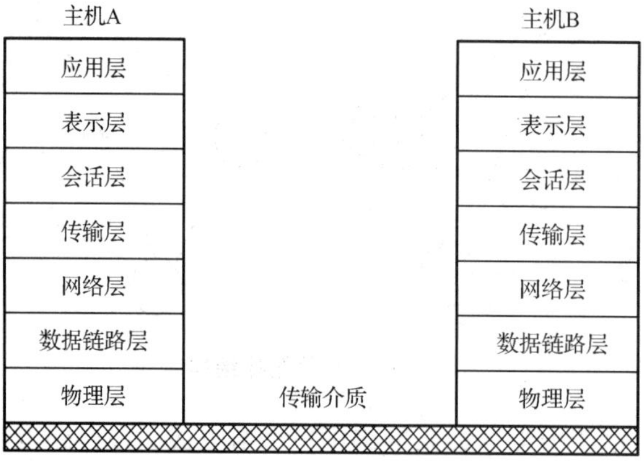

图 6-8 开放互连参考模型结构

OSI 各层功能简要介绍如下。

① 物理层（Physical Layer）。物理层处于 OSI 参考模型的最底层，它的主要功能是利用物理传输介质为数据链路层提供物理连接，以便透明地传输数字信号。

② 数据链路层（Data Link Layer）。在物理层提供数字信号传输服务的基础上，在通信的实体之间建立数据链路连接，传送以帧为单位的数据，采用差错控制、流量控制方法，使有差错的物理线路变成无差错的数据链路。

③ 网络层（Network layer）。网络层的主要任务是通过路由算法和通信子网，为分组选择适当的路径。网络层要实现路由选择、阻塞控制与网络互连等功能。

④ 传输层（Transport layer）。传输层的主要任务是向用户提供可靠的端到端服务，透明

地传送报文。它向高层屏蔽了下层数据通信的细节，因而是计算机通信体系结构中最关键的一层。

⑤ 会话层（Session layer）。会话层的主要任务是组织两个会话进程间的通信，并管理数据的交换。

⑥ 表示层（Presentation layer）。表示层主要用于处理在两个通信系统中交换信息的表示方式，它包括数据格式的转换、数据加密与解密、数据压缩与恢复等功能。

⑦ 应用层（Application layer）。应用层是 OSI 参考模型中的最高层。应用层确定进程之间通信的性质，以满足用户的需要。

4. TCP/IP 协议

网络互连是目前网络技术研究的热点之一，并且已经取得了很大的进展。在诸多网络互连协议中，传输控制协议/互联网协议（Transmission Control Protocol/Internet Protocol，TCP/IP）是使用非常普遍的网络互连标准协议。目前，众多的网络产品厂家都支持 TCP/IP，其被广泛用于因特网（Internet）连接的所有计算机上，所以 TCP/IP 已成为一个事实上的网络工业标准，建立在 TCP/IP 结构体系上的协议也成为应用最广泛的协议。

TCP/IP 模型采用四层的分层体系结构，由下向上依次是网络接口层、网络层、传输层和应用层。TCP/IP 四层协议模型与 OSI 参考模型的对照关系如图 6-9 所示。

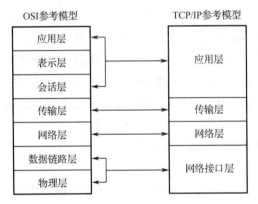

图 6-9 TCP/IP 四层协议模型与 OSI 参考模型的对照关系

TCP/IP 体系结构中各层的主要功能如下。

（1）网络接口层

TCP/IP 模型的最底层是网络接口层，相当于 OSI 参考模型的物理层和数据链路层，它包括那些能使 TCP/IP 与物理网络进行通信的协议。然而，TCP/IP 标准并没有定义具体的网络接口协议，而是旨在提供灵活性，以适应各种网络类型。一般情况下，各物理网络可以使用自己的数据链路层协议和物理层协议，不需要在数据链路层上设置专门的TCP/IP。

（2）网络层

在因特网标准中正式定义的第一层。网络层所执行的主要功能是消息寻址及把逻辑地址和名称转换成物理地址。通过判定从源计算机到目标计算机的路由，该层还控制通信子网的操作。

(3) 传输层

在 TCP/IP 模型中，传输层的主要功能是提供从一个应用进程到另一个应用程序的通信，常称为端对端的通信。传输层定义了两个主要的协议：传输控制协议（TCP）和用户数据报协议（UDP），分别支持两种数据传送方法。

(4) 应用层

TCP/IP 模型的应用层是最高层，但与 OSI 的应用层有较大的区别。实际上，TCP/IP 模型的应用层的功能相当于 OSI 参考模型的会话层、表示层和应用层共 3 层的功能，最常用的协议包括件传输协议（FTP）、网络远程访问协议（Telnet）、域名服务（DNS）等。

OSI 参考模型是国际标准化组织 ISO 制定的一个国际标准，但它并没有成为事实上的国际标准，取而代之的是 TCP/IP 协议。OSI 参考模型和 TCP/IP 两者之间有着共同之处，都采用了层次结构模型，在某些层次上有着相似的功能。但两者都有自身的缺陷，都是不完美的。

6.3 网络设备

1. 网络传输介质

传输介质是网络连接设备间的中间介质，也是信号传输的媒体，网络传输介质可分为两类：一类是有线的，例如同轴电缆、双绞线、光纤；另一类是无线的，例如微波、无线电、激光和红外线。早期应用最多的是同轴电缆。随着应用技术的发展，双绞线与光纤的应用迅速普及，尤其是双绞线，在数据传输率为 100 Mb/s~1 Gb/s 的高速局域网中都用到了该技术。通常，在局域网范围内，中、高速近距离传输数据使用双绞线，远距离传输使用光纤。在有移动节点的局域网中，采用无线通信信道作为补充。

下面简单介绍几类常用的传输媒介的特性。

(1) 双绞线

双绞线（Twisted Pair，TP）是一种综合布线工程中最常用的传输介质，是由两根具有绝缘保护层的铜导线组成的。双绞线分为屏蔽双绞线（Shielded Twisted Pair，STP，如图 6-10 所示）与非屏蔽双绞线（Unshielded Twisted Pair，UTP，如图 6-11 所示）。

图 6-10 屏蔽双绞线

图 6-11 非屏蔽双绞线

双绞线既可以用于音频传输，也可以用于数据传输。由于 UTP 的成本低于 STP，所以使用得更广泛。

双绞线的价格在传输媒体中是最便宜的，并且安装简单，所以得到广泛的使用。

（2）同轴电缆

同轴电缆可分为两类：粗缆和细缆，这种电缆应用范围很广，比如有线电视网，就是使用同轴电缆。不论哪种电缆，其中间都是一根铜线，外面包有绝缘层。由于同轴电缆绝缘效果佳、频带宽、数据传输稳定、价格适中、性价比高，所以它是局域网中普遍采用的一种传输媒介，如图 6-12 所示。

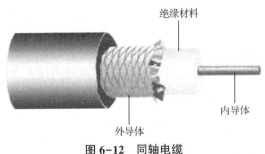

图 6-12 同轴电缆

（3）光导纤维

光导纤维，是一种传输光束的细而柔韧的、利用内部反射原理来传导光束的传输介质，有单模和多模之分。单模光纤多用于通信，多模光纤多用于网络布线系统。

光纤为圆柱状，由 3 个同心部分组成：纤芯、薄层和护套，每一路光纤包括两根：一根接收，一根发送，如图 6-13 所示。用光纤作为网络介质的局域网技术主要是光纤分布式数据接口（FDDI）。与同轴电缆比较，光纤可提供极宽的频带且功率损耗小、传输距离长（2 km 以上）、传输率高（可达数千 Mb/s）、抗干扰性强（不会受到电子监听），是构建安全性网络的理想选择。

图 6-13 光纤

（4）微波传输和卫星传输

这两种传输方式均以空气为传输介质、以电磁波为传输载体，联网方式较为灵活。

2. 网络硬件设备

计算机网络由各种不同功能的网络设备构成。应用这些基本的网络设备可以灵活地组成各种结构的网络。本部分仅介绍局域网和广域网的部分网络设备。

（1）网卡

网卡又名网络适配器（Network Interface Card，NIC），是计算机与物理传输介质之间的连接设备。它可以控制网络通信中的信息流通量。每块网卡都用唯一的编号来表示。该编号称为网卡地址，又可称为 MAC（Media Access Control）地址，用 12 位十六进制数表示，由生产厂家设定，一般不可更改。

应该注意的是，不同厂家生产的网卡在集成度、网卡 CPU、数据缓冲区及配制方法上都有较大的区别，价格差别也很大。

（2）集线器

集线器是一种用于星形网络中的信息传输设备。网络上的各个计算机之间由传输媒介经过集线器互相连接在一起。该设备生产成本低，连接性能也比同轴电缆的高，是目前局域网中应用比较广泛的网络设备。

（3）中继器

中继器是一种用来延长物理传输介质或增强网络信号的网络设备。通过中继器可以扩展局域网的跨接距离。双绞线到光纤的转接器也属于中继器设备。

（4）交换机

局域网交换机拥有许多端口，每个端口有自己的专用宽带，并且可以连接不同的网段。交换机各个端口之间的通信是同时的、并行的，这就大大提高了信息的吞吐量。由于交换机可以将信息迅速而直接地送到目的地，能大大提高速度和宽带，能保护用户以前在介质方面的投资，并提供良好的可扩展性，因此交换机不但是网桥的理想替代物，而且是集线器的理想替代物。

（5）路由器

路由器是一种网络间的互连设备。它支持 OSI 网络参考模型中网络层的传输协议，即支持具有不同物理介质的网络互连。通过路由器能实现局域网（LAN）之间、局域网与广域网（WAN）之间、广域网和广域网之间的互连。

（6）网关

网关是一种运行在 OSI 网络参考模型最高层，且具有协议转换功能的网络互连设备。网关能实现异构型网络互连，比路由器的互连能力更强。它不仅要连接分离的网络，还必须确保网络间传输的数据的兼容性。

（7）调制解调器

调制解调器是一种辅助网络设备，一般用于计算机与网络之间或网络与网络之间的远距离数据通信。例如，一个局域网通过电信部门 X.25 分组交换网或 DDN 数字数据网连入其他局域网时，必须使用调制解调器来改变局域网中传输的数字信号电气性质，方能进入电信部门的通信网络。个人计算机也可以利用调制解调器经普通电话线连入某个局域网。

（8）服务器

由专门用做服务器的产品或由高性能的 PC 机充当。在局域网中，服务器可以将其CPU、内存、磁盘、打印机、数据等资源提供给客户机（工作站）共享，并负责对这些资源的管理，协调网络用户对这些资源的使用。局域网中的服务器大多提供文件和打印机共享服务。在广域网中，服务器的功能是多种多样的，有承担电子邮件收发的邮件服务器，有识别上网用户的域名服务器、新闻服务器等。

6.4 网络操作系统

计算机网络是一个庞大而复杂的系统，必须有相应的操作系统承担整个网络的任务管理和资源管理，对网络内的设备进行存取访问，支持各用户终端间的相互通信，使网络内各部件遵守协议，有条不紊地工作。目前流行的网络操作系统有 UNIX、NetWare、Windows、Linux 等。

1. UNIX

UNIX 是强大的多用户、多任务操作系统，支持多种处理器架构，是科学计算、大型机、超级电脑等所用操作系统的主流。目前常用的 UNIX 系统版本主要有：UNIX SUR 4.0、HP-UX 11.0、SUN 公司的 Solaris 8.0 等。支持网络文件系统服务，提供数据等应用，功能强大，由 AT&T 和 SCO 公司推出。

2. NetWare

NetWare 操作系统虽然远不如早几年那么风光，在局域网中早已失去了当年雄霸一方的气势，但是其仍以对网络硬件的要求较低（工作站只要是 286 机就可以了）而受到一些设备比较落后的中、小型企业，特别是学校的青睐。人们一时还忘不了它在无盘工作站组建方面的优势，忘不了它那毫无过分需求的大度，并且因为它兼容 DOS 命令，其应用环境与 DOS 相似，经过长时间的发展，具有相当丰富的应用软件支持，技术完善、可靠。目前常用的有 3.11、3.12 和 4.10、V4.11、V5.0 等中英文版本，NetWare 服务器对无盘站和游戏的支持较好，常用于教学网和游戏厅。目前这种操作系统的市场占有率呈下降趋势，这部分的市场主要被 Windows NT/2000 和 Linux 系统瓜分了。

3. Windows 类

对于这类操作系统，相信用过电脑的人都不会陌生，这是全球最大的软件开发商——Microsoft（微软）公司开发的。微软公司的 Windows 系统不仅在个人操作系统中占有绝对优势，它在网络操作系统中也具有非常强劲的力量。这类操作系统配置在整个局域网配置中是最常见的，但由于它对服务器的硬件要求较高，且稳定性能不是很高，所以微软的网络操作系统一般只是用在中低档服务器中，高端服务器通常采用 UNIX、Linux 或 Solaris 等非 Windows 操作系统。

4. Linux

这是一种新型的网络操作系统，它的最大特点就是源代码开放，可以免费得到许多应用程序。目前也有中文版本的 Linux，如 REDHAT（红帽子）、红旗 Linux 等，在国内得到了用户充分的肯定，主要体现在它的安全性和稳定性方面。它与 UNIX 有许多类似之处。目前这类操作系统仍主要应用于中、高档服务器中。

总的来说，对特定计算环境的支持使得每一个操作系统都有适合自己的工作场合，这就是系统对特定计算环境的支持。例如，Windows 2000 Professional 适用于桌面计算机，Linux 目前较适用于小型的网络，而 Windows 2000 Server 和 UNIX 则适用于大型服务器应用程序。因此，对于不同的网络应用，需要选择合适的网络操作系统。

一、选择题

1. 计算机网络的目标是实现（　　）。
   A. 数据处理   B. 信息传输与数据处理
   C. 文献查询   D. 资源共享与信息传输

2. 在 OSI 参考模型的分层结构中，"会话层"属第（　　）层。
   A. 1   B. 3   C. 5   D. 7

3. 局部地区通信网络建成局域网，英文缩写为（　　）。
   A. WAN   B. LAN   C. SAN   D. MAN

4. 目前，局域网的传输介质（媒体）主要是同轴电缆、双绞线和（　　）。

　　A. 通信卫星　　　　B. 公共数据网　　　C. 电话线　　　　　D. 光纤

5. 以下的网络分类方法中，有错误的一组是（　　）。

　　A. 局域网/广域网　　B. 对等网/城域网　　C. 环形网/星形网　　D. 有线网/无线网

6. 为了利用邮电系统公用电话网的线路来传输计算机数字信号，必须配置（　　）。

　　A. 编码解码器　　　B. 调制解调器　　　C. 集线器　　　　　D. 网络

7. TCP/IP 是一组（　　）。

　　A. 局域网技术

　　B. 广域网技术

　　C. 支持同一种计算机（网络）互连的通信协议

　　D. 支持异种计算机（网络）互连的通信协议

8. 路由选择是 OSI 模型中（　　）层的主要功能。

　　A. 物理　　　　　　B. 数据链路　　　　C. 网络　　　　　　D. 传输

9. 在网络的各个节点上，为了顺利实现 OSI 模型中同一层次的功能，必须共同遵守的规则叫作（　　）。

　　A. 协议　　　　　　B. TCP/IP　　　　　C. Internet　　　　 D. 以太

10. OSI 的中文含义是（　　）。

　　A. 网络通信协议　　　　　　　　　　　B. 国家住处基础设施

　　C. 开放系统互连参考模型　　　　　　　D. 公共数据通信网

二、简答题

1. 网络协议的关键要素是什么？

2. OSI 共有几层？分别是什么？

3. TCP/IP 共有几层？分别是什么？

4. 简述主要网络的互连设备，并说明其功能。

5. 计算机网络的发展经历了哪几个阶段？每个阶段各有什么特征？

第7章 Internet 应用

今天的 Internet 已经不只是一个网络的含义，而是整个信息社会的缩影。它不仅是计算机人员和军事部门进行科研的领域，在其上还覆盖了社会生活的方方面面。因此，为了适应时代的需求，也为了我们自身的发展，需要进一步了解 Internet，学习和掌握它的使用。

7.1 认知 Internet

Internet 本来是指"交互的网络"，又称"网际网"，现在有的书上用 internet 代表一般的互联网，而用 Internet 代表特定的世界范围的互联网。20 年来，网上社会已经发生了巨大变化，所以无法对它固定一种定义，但有以下三点可达成共识：

① Internet 是一个基于 TCP/IP 协议的国际互联网络。

② Internet 是一个网络用户的团体，用户使用网络资源，同时也为该网络的发展投入自己的一份力量。

③ Internet 是所有可被访问和利用的信息资源的集合。

时至今日，并不存在一个权威的 Internet 管理机构能够垄断和控制 Internet。不过 Internet 并不是无序发展的，它由 ISOC（Internet 协会）协调管理。ISOC 通过 Internet 网络委员会（IAB）来监督 Internet 的技术管理与发展。至于费用，由各网络分别承担自己的运行维护费，而网间的互联费用则由各入网单位分担。

7.2 IP 地址与域名

1. IP 地址

组建一个网络时，要进行网络通信和网络间的互联，必然要定义每台工作站和路由器（或网关）的 IP 地址。IP 地址是网络中每台工作站和路由器的地址标识，这样就需要合理的 IP 地址编码方案。

根据 TCP/IP 协议标准，IP 地址由 32 个二进制位表示。每八个二进制位为一个字节段。一般用十进制数表示，每个字节段间用圆点分隔。

IP 地址又分为网络地址和主机地址两部分，处于同一个网络内的各节点，其网络地址是相同的。主机地址规定了该网络中的具体节点,如工作站、服务器、路由器等。

具体规则如下:

(1) 网络地址

① 网络地址必须唯一。

② 网络地址不能以十进制数 127 开头,它保留给内部诊断返回函数。

③ 网络地址部分第一个字节不能为 0,它表示本地主机,不能传送数据。

(2) 主机(网络中的计算机)地址

① 主机地址部分必须唯一。

② 主机地址部分的所有二进制位不能全为 1,它用作广播地址。

③ 主机地址部分的所有二进制不能全为 0。

IP 地址又分为三类:A 类、B 类、C 类。A 类地址最高字节代表网络号,后 3 个字节代表主机号,适用于主机多达 1 700 万台的大型网络。A 类 IP 地址范围为:001.0.0.1~126.255.255.254。B 类地址一般用于中等规模的地区网管中心,前两个字节代表网络号,后两个字节代表主机号。B 类地址范围为:128.0.0.1~191.255.255.254。C 类地址一般用于规模较小的局域网,例如,西安交大校园网使用的是 C 类地址。C 类地址前三个字节代表网络号,最后一个字节代表主机号。写为 32 位二进制数时,前 3 位为 110;十进制时,第 1 组数值范围为 192~223。

2. 域名

由于数字地址标识不便于记忆,因此又产生了域名,以便于人们记忆和书写。例如,xjtu.edu.cn 就是西安交大的国际化域名。与 IP 地址相比,域名更直观一些,IP 地址与域名之间存在着对应关系,在 Internet 实际运行时,域名地址由专用的域名服务器(Domain Name Server,DNS)转化为 IP 地址。

域名系统采用层次结构,按地理域或机构域进行分层。字符串的书写采用圆点将各个层次域分成层次字段。从右到左依次为最高层次域、次高层次域等,最左的一个字段为主机名。例如,mail.xjtu.edu.cn 表示西安交大的电子邮件服务器,其中 mail 为服务器名,xjtu 为交大域名,edu 为教育科研域名,最高层次域 cn 为国家域名。

最高层次域分为两大类:机构性域名(参见表 7-1)和地理性域名(参见表 7-2)。

表 7-1 机构性最高级域名

名　　字	机构的类型
COM	商业机构(大多数公司)
EDU	教育机构(如大学和学院)
NET	Internet 网络经营和管理
GOV	政府机构
MIL	军事机构(军队用户和他们的承包商)

表 7-2 地理性最高级域名

国家或地区	域名	国家或地区	域名
中国大陆	cn	日本	jp
中国香港	hk	英国	uk
中国台湾	tw	澳大利亚	au
中国澳门	mo		

各种域名代码在 Internet 委员会公布的一系列工作文档中做了统一的规定。美国的国家域名 us 可以省略。

3. 域名与 IP 间的对应关系

域名与 IP 地址间有一种对应关系，这种对应关系通过 DNS（域名解析服务）来完成。如百度网站的域名为"www.baidu.com"，而百度网站的 IP 地址是"61.135.169.125"。一般而言，可以用域名访问某网站，也可以用与该域名相对应的 IP 地址访问该网站。但通过百度域名和 IP 地址的比较可知，IP 地址很难记忆，因此，互联网组织又用代表一定意义的字符串来表示主机地址，提供了域名（Domain Name）服务。图 7-1 所示是通过在地址栏中输入域名访问相应网站，大家可以尝试使用 IP 地址访问百度。

图 7-1 用百度的域名访问百度网站

7.3 Internet 接入方法

1. 电话拨号上网

这是早期我国最普及的家庭网络接入方式，带宽只有 56 Kb/s。拨号上网是按时收费的，所以费用算是偏高的。

2. ADSL 电话拨号上网

利用现有的电话线网络，在线路两端加装 ADSL 设备，即可为用户提供高速宽带服务。由于不需要重新布线，降低了成本，进而降低了用户的上网费用。另外，利用 ADSL 技术上网与打电话互不影响，也为用户生活和交流带来便利，是目前的主要上网方式。

3. 有线电视线路上网

利用有线电视网进行数据传输需要用到电缆调制解调器。电缆调制解调器主要面向计算机用户的终端，它连接有线电视同轴电缆与用户计算机之间的中间设备。

4. ISDN 一线通上网

一线通将电话线分成几个信道，传输速度提高，可以同时上网、打电话、发传真，上网速度也能提高 2 倍以上。但费用比电话拨号上网的高。这种上网方式比较适合专业的 SOHO 人士，所以不是非常普及。

5. 光纤宽带接入

通过光纤接入小区节点或楼道，再由网线连接到各个共享点上（一般不超过 100 m），提供一定区域的高速互联接入。特点是速率高，抗干扰能力强，适用于家庭、个人或各类企事业团体，可以实现各类高速率的互联网应用（视频服务、高速数据传输、远程交互等），缺点是一次性布线成本较高。

6. DDN 数字专线上网

通过专线上网，速度很快，但无论有无数据传送，数字专线总处于连通状态，用户都得为占用网络资源而付费。这种接入主要是企业使用，只有少数对网络品质要求较高的 SOHO 用户才会使用该方式上网。

7. 无线网络

无线网络是一种有线接入的延伸技术，使用无线射频（RF）技术越空收发数据，减少使用电线连接，因此无线网络系统既可达到建设计算机网络系统的目的，又可让设备自由安排和搬动。在公共开放的场所或者企业内部，无线网络一般会作为已存在有线网络的一个补充方式，装有无线网卡的计算机通过无线手段方便地接入互联网。

目前，我国 3G 移动通信有三种技术标准，中国移动、中国电信和中国联通各使用自己的标准及专门的上网卡，网卡之间互不兼容。

7.4 浏 览 器

浏览器是指可以显示网页服务器或者文件系统的 HTML 文件内容，并让用户与这些文件交互的一种软件。它用来显示在万维网（WWW）或局域网等上的文字、图像及其他信息。这些文字或图像，可以是连接其他网址的超链接，用户可迅速、便捷地浏览各种信息。大部分网页为 HTML 格式。常见的网页浏览器包括微软的 Internet Explorer（IE）、Mozilla 的 Firefox、Apple 的 Safari、Opera、Google Chrome、搜狗浏览器、360 安全浏览器、世界之窗浏览器、傲游浏览器等，浏览器是最经常使用的客户端程序。图 7-2 所示为三种浏览器的图标。

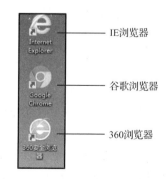

图 7-2 几种常见的浏览器图标

脱机浏览是 IE 浏览器自带的一项功能。所谓脱机浏览，就是把整个网站无论是图片还是文字，都从网上下载到本地计算机的硬盘上，在计算机不与 Internet 连接时，也可以阅读网站的内容。对于计时上网或者上网不方便的用户,可以使用脱机浏览方式,把要访问的网站内容下载到本地或者设置为同步,以供离线后继续查阅。

7.5 搜索引擎

1. 认识搜索引擎

搜索引擎是指根据一定的策略、运用特定的计算机程序从互联网上搜集信息,在对信息进行组织和处理后,为用户提供检索服务,将用户检索到的相关信息展示给用户的系统。搜索引擎包括全文索引、目录索引、元搜索引擎、垂直搜索引擎、集合式搜索引擎、门户搜索引擎与免费链接列表等。百度和谷歌等是搜索引擎的代表。

2. 搜索引擎的分类

(1) 目录式搜索引擎

目录索引也称为分类检索,是因特网上最早提供 WWW 资源查询的服务,主要通过搜集和整理因特网的资源。根据搜索到网页的内容,将其网址分配到相关分类主题目录的不同层次的类目之下,形成像图书馆目录一样的分类树形结构索引。目录索引无须输入任何文字,只要根据网站提供的主题分类目录,层层单击进入,便可查到所需的网络信息资源。如中文 Yahoo!,国外的 LookSmart、Ask Jeeves、Open Directory 等。

(2) 机器人搜索引擎

这类搜索引擎又称为主动式搜索引擎,它是由一个称为蜘蛛(Spider)的机器人程序以某种策略自动地在 Internet 中搜集和发现信息,由索引器为搜集到的信息建立索引,由检索器根据用户的查询输入检索索引库,并将查询结果返回给用户。如国内的中文 Google,国外的 AltaVista、Excite、Infoseek、Lycos 等。

(3) 元搜索引擎(Meta Search Engine)

元搜索引擎(Meta Search Engine)接受用户查询请求后,同时在多个搜索引擎上搜索,并将结果返回给用户。著名的元搜索引擎有 InfoSpace、Dogpile、Vivisimo 等,中文元搜索引擎中具代表性的是搜星搜索引擎。在搜索结果排列方面,有的直接按来源排列搜索结果,如 Dogpile;有的则按自定的规则将结果重新排列组合,如 Vivisimo。

7.6 电子邮件与即时通信

1. 电子邮件

电子邮件(E-mail)是一种用电子手段提供信息交换的通信方式,通过接入 Internet,实现各类信件的发送、传递、收阅、存储等处理。电子邮件的主要优点是:速度快、价格低、效率高(可以一信多发)、功能多样(多种媒体信息可以通过电子邮件传递,如文字、图形、图像、声音等所有格式的文件)。

2. E-mail 地址与 E-mail 账号

同普通邮件一样,收发 E-mail 必须有一个属于自己的电子邮箱,这个电子邮箱设在用户所申请的邮件服务器上。电子邮箱也称 E-mail 地址,在 Internet 上每个用户的 E-mail 地址是唯一的。E-mail 地址由用户名、分隔符和邮件服务器域名三部分构成。例如,zhangsan

@mail.bjmu.edu.cn 就是一个 E-mail 地址。其中，zhangsan 是用户名，代表用户的名字或身份，是最具有个人特征的部分；@（读作 at）是分隔符，其左边部分为用户名，表示此地址为谁拥有，右边部分表示特定的邮件服务器的域名。

E-mail 地址不区分大小写，用户名与域名的联合必须是唯一的。在 Internet 上，zhangsan 可能不止一个，但在名为 mail.bjmu.edu.cn 的主机上却只能有一个。

与 E-mail 地址密切相关的概念还有 E-mail 账号。E-mail 账号是为了使用 E-mail 地址接收或者发送 E-mail 所需的用来登录到邮件服务器上的用户名和密码。

3. 即时通信

即时通信软件除了可以实时交谈和互传信息，很多还集成了数据交换、语音聊天、在线视频、网络会议、电子邮件的功能，而这些功能往往是我们工作、生活中最得利的工具。如 QQ 是腾讯公司的一款即时通信软件，具有强大的语音和视频聊天功能，在网络顺畅的时候语音聊天效果比电话还好，视频聊天能够真实地看到好友的状态。MSN 也是一款免费的即时通信软件，是微软公司的产品，与许多共享软件一样，下载后即可安装使用，可以与他人进行文字聊天、语音对话、视频会议等即时交流。

7.7 网上购物

网上购物就是通过互联网检索商品信息，并通过电子订购单发出购物请求，然后填上私人支票账号或信用卡的号码，厂商通过邮购的方式发货，或是通过快递公司送货上门。国内的网上购物，一般付款方式是款到发货（直接银行转账、在线汇款，比如瑞丽时尚商品批发网），担保交易（淘宝支付宝、百度百付宝、腾讯财付通等），货到付款等。目前网上购物网站有淘宝网、唯品会、当当商城、京东商城等。

任务 7-1　网上浏览

任务要求：使用浏览器打开指定网页，将该网页收藏至"收藏夹"，并将该网页设为浏览器主页。

网上浏览是从 Internet 上获取信息的一种最基本的方法。学会浏览器的使用就相当于学会了上网。下面以 360 浏览器为例，看看怎样浏览网页。

步骤 1：打开指定网页

双击桌面上的浏览器图标 ，就可以启动 360 浏览器。在地址栏中输入想要浏览的网址，如"http://www.jlaudev.com.cn"，按 Enter 键或单击转到按钮，如图 7-3 所示。在打开的网页上存在着超链接，当鼠标指针变成手形指针时单击，可以跳转到其对应页面进行浏览。

图 7-3 浏览指定页面

如果单击超链接之后,又想回到刚才的网页,怎么办呢?最简单的方法是单击地址栏左侧的"后退"按钮。单击一下"后退",就可以回到刚才的网页,而且可以一直后退,一直回到最开始打开的网页。

加载网页时,如果网络传输速度过慢或者页面信息量很大,为避免等待时间过长,可单击"×"按钮或按 Esc 按钮停止传送。

步骤 2:收藏网页

如果对当前浏览的网页内容很喜欢,可以把这些地址收藏到收藏夹中,以后可以方便地从收藏夹中选取网址进行访问,而不必再次输入地址。单击浏览器上方的"收藏"按钮,选择"添加到收藏夹",在弹出的"添加到本地收藏夹"对话框中,如图 7-4 所示,单击"添加"按钮,完成收藏。用户可以通过地址栏下方的收藏夹工具找到刚刚收藏的网页。

步骤 3:主页的设置

如果希望每次打开浏览器时进入长春科技学院主页,就可将其设置为浏览器主页,单击"工具",选择"Internet 选项",弹出的"Internet 选项"对话框,如图 7-5 所示。在"地址"栏中输入:"http://www.jlaudev.com.cn/",单击"确定"按钮,完成设置。

图 7-4 "添加到本地收藏夹"对话框

图 7-5 "Internet 选项"对话框

步骤4：查看和删除历史记录

如果想查看网页历史浏览记录，单击"工具"，选择"历史"即可查看历史记录；也可以通过"清除更多"按钮选择清除历史记录。

任务 7-2　运用搜索引擎

任务要求：使用百度等搜索引擎类网站进行相关信息的搜索，并按以下各步骤要求搜索相关内容，同时掌握搜索要领。

步骤1：搜索网站的标题中含有"计算机网络"字样的网页

把查询内容中特别关键的部分用"intitle:"引领（此处的":"为英文半角冒号）。要查找网站的标题中含有"计算机网络"字样的网页时，可以在搜索引擎对话框输入"intitle:\计算机网络"，如图 7-6 所示。

图 7-6　把搜索范围限定在网页标题中

步骤2：把搜索范围限定在特定站点中

如果知道某个站点中有自己需要的内容，就可以把搜索范围限定在这个站点中，提高查询效率。使用的方式是在查询内容的后面，加上"site:站点域名"。如图 7-7 所示，输入"新闻 site:www.sina.com"，表示只在新浪网搜索新闻。特别注意，"site:"后面跟的站点域名，不要带"http://"；另外，"site:"和站点名之间不要带空格。

图 7-7　在指定网站中搜索

步骤 3：把搜索范围限定在 URL 链接中

在含有"jiqiao"的 URL 中搜索关于"网页保存"的技巧，可在搜索对话框中输入"网页保存 inurl:jiqiao"，如图 7-8 所示。单击找到的一个链接项，查看打开的网页 URL 是否包含"jiqiao"。使用时注意，"inurl:"语法和后面所跟的关键词之间不要有空格。

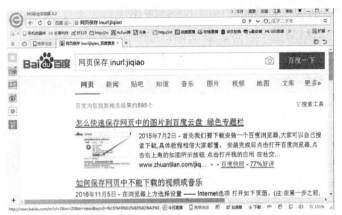

图 7-8　搜索范围限定在 URL 链接中

单击图 7-8 中第一个结果页面，可以看到"jiqiao"关键字出现在该页面的 URL 中，如图 7-9 所示。

图 7-9　搜索范围限定在 URL 链接中的结果页面

步骤 4：精确匹配——使用双引号

如果输入的查询词很长，百度在经过分析后，给出的搜索结果中的查询词可能是拆分的。如果为查询词加上双引号，就可以不被拆分。加双引号和不加双引号搜索"计算机网络互联技术"的结果分别如图 7-10 和图 7-11 所示。

图 7-10　加引号搜索

图 7-11　不加引号搜索

步骤 5：带书名号查询

书名号查询是百度独有的一种特殊的查询语法。在其他搜索引擎中，书名号会被忽略，而在百度中，中文书名号是可被查询的。加上书名号的查询词，有两个特殊功能：一是书名号会出现在搜索结果中；二是被书名号扩起来的内容不会被拆分。书名号在某些情况下特别有效果，例如，查询名字很通俗和常用的电影或者小说，效果很好，如图 7-12 所示。

步骤 6：要求搜索结果中不含特定查询词

用减号语法可以去除含有特定关键词的链接。例如，搜索"长春科技"而不包括"学院"结果如图 7-13 所示。

图 7-12　用书名号精确匹配关键词

图 7-13　要求搜索结果中不含特定查询词

任务 7-3　利用免费邮箱收发电子邮件

任务要求：利用互联网免费资源，注册申请网易、新浪等网站的免费邮箱，按以下各步骤的要求收发电子邮件，以及对邮箱、邮件进行管理。

步骤 1：申请免费邮箱

Internet 上很多网站都为用户提供了免费邮箱，以"126 网易免费邮"为例申请免费邮箱。登录网站 www.126.com，如图 7-14 所示，单击"去注册"，进入邮箱注册页面。在对话框中输入用户名、密码及其他相关用户资料，单击注册向导的"下一步"按钮，进行逐步设置，最终注册成功。

图 7-14　注册免费邮箱

步骤 2：发送带签名的电子邮件

① 登录邮箱，熟悉环境。

进入电子邮箱所在的网站，利用已经注册的账号、密码登录自己的邮箱，进入邮箱主页面，如图 7-15 所示。单击各选项卡、命令按钮熟悉邮箱环境。

② 撰写邮件。

单击"写信"按钮，进入邮件编辑页面；在收件人对话框输入收件人的 E-mail 地址，在主题对话框输入邮件主题；单击"添加附件"按钮，在打开的"选择文件"对话框中选择要附带的文件，单击"打开"按钮，附件添加完成，如图 7-16 所示。

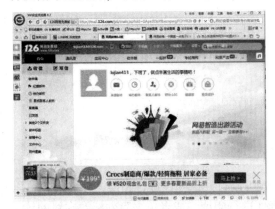

图 7-15 网易邮箱主页面

图 7-16 撰写邮件

③ 设置签名。

单击"设置"→"签名设置"→"新建文本签名"，打开签名设置页面。签名设计如图 7-17 所示，也可以单击"随机签名"随机选取签名，设置完毕后单击"保存"按钮。

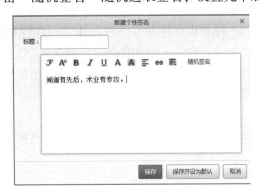

图 7-17 添加签名

另外，签名添加完成后，可以单击"编辑"进行更改，也可以单击"删除"进行删除。如果想在每一封邮件中都加入同一个签名，只需要把该签名设置为默认签名即可。

④ 发送邮件。

在邮件撰写完成之后，确定是否加入个性签名，之后单击"发送"按钮，出现"发送成功"页面，确认邮件已发送。

步骤 3：接收、阅读与回复电子邮件

① 接收电子邮件。

登录邮箱后，单击"收信"或者"收件箱"打开收件箱页面，如图 7-18 所示。在收件箱邮件列表中，带有信封图标的是未读邮件，其他为已读邮件。

图 7-18　接收邮件

② 阅读电子邮件。

双击邮件列表中的收件人名称或邮件主题，就可以打开该邮件进行阅读，邮件正文可以直接阅读，附件需要单击"下载附件"下载到本地进行阅读，或者单击附件标题在线阅读。

③ 回复电子邮件。

邮件需要回复时，只需单击"回复"按钮，打开邮件编辑页面，直接撰写邮件内容，而这时收件人地址及邮件主题都已经存在，单击"发送"按扭，邮件发送成功，回复任务就完成了。

步骤 4：转发电子邮件

转发邮件有两种形式：一种是直接转发，一种是作为附件转发。单击"转发"，在打开的发送页面的收件人地址栏中输入收件人的邮件地址，单击"发送"完成转发。

选择"作为附件转发"则在收件人地址栏中输入收件人的邮件地址，再单击"发送"，即可将该邮件以附件的形式转发出去。

步骤 5：删除邮件

打开收件箱，勾选邮件列表中要删除的电子邮件，单击"删除"按钮，邮件就从收件箱中消失了。

任务 7-4　使用即时通信软件

任务要求：使用 QQ、MSN 等即时通信工具，进行文字聊天、音视频对话、传送文件、发送邮件，以及远程协助等。

步骤 1：使用 QQ 聊天

在腾讯网站可直接下载 QQ，安装、启动、添加好友后，双击好友头像打开聊天面板，在输入框中输入文字、表情、截图等，如图 7-19 所示。单击"发送"按钮，就可以互相发送信息进行交流、在线聊天了。

图 7-19　QQ 聊天面板

步骤 2：使用 QQ 的语音、视频功能

① 语音会话。

双击好友头像，在弹出的聊天面板中单击图标上的下拉按钮，选择"开始语音会话"，则开始连线网络好友。作为受邀方，系统会弹出通知"接受"对话框，单击"接受"按钮，则可建立语音聊天的连接。若不想与好友进行语音聊天，单击"拒绝"按钮，即可结束语音聊天。

② 视频聊天。

在聊天对话框中单击摄像头图标的下拉按钮，选择"开始视频会话"，系统将会弹出对话框，等待好友接受邀请。作为受邀方，单击"接受"按钮，则可建立视频聊天的连接。若不想与好友进行视频聊天，单击"拒绝"按钮，即可结束视频聊天。

选择"邀请多人视频会议"，则可以组建一个网络视频会议，多人同时视频。

步骤 3：使用 QQ 传送文件

使用 QQ 传送文件也是比较常用的功能，此功能可以和好友传送各种格式的文件，如图片、文档和影音文件等。

① 单击图 7-20 所示的"传送文件"，直接发送选定的文件，即时传送。若选择"发送文件夹"，则可以一次性把选中的文件夹与其中的文件同时传送。

图 7-20　QQ 聊天面板功能模块

② 如果接收方此时不在线，可以选择"发送离线文件"进行传送，传送的文件可以暂时存储在服务器上，对方上线时再进行接收。但是离线文件在服务器上只会保存 7 天，接收方应在 7 天内接收文件。

任务 7-5　网上购物

任务要求：在淘宝网上购买田连元播讲的评书《水浒传》，购买电子版，不用快递。

步骤 1：注册新用户

登录淘宝网 http：//www.taobao.com，单击首页右侧免费注册按钮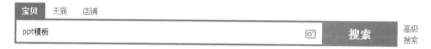，填写个人注册信息，即可完成免费注册，拥有自己的淘宝账户了。

步骤 2：查找商品

① 在淘宝网首页的搜索对话框中，输入要购买的宝贝名称，如图 7-21 所示。单击"搜索"按钮。

图 7-21　搜索商品

② 在打开的图 7-22 所示的搜索结果列表的页面，选择感兴趣的商品，注意该商家的信誉度，是否有"消费者保障"和"七天退换"的标志。

③ 单击超链接可弹出该商品的详细信息，如图 7-23 所示，单击图中最底层位置，可以查看宝贝详情、评价详情、成交记录及设置购买数量，如果想以后再下订单或者还要购买其他商品，可单击"加入购物车"按钮，否则单击"立刻购买"。

图 7-22　选择商品

图 7-23　查看详情和确定购买

步骤 3：购买商品

① 提交订单。单击"立刻购买"后，就需要进行电子订单确认、付款等操作。通过第三方支付的软件，也就是支付宝进行付款。在弹出的确认购物信息页面，首先填写"确认您的收货地址"栏，接着填写购买的数量、运送方式，最后填写个人信息。单击如图 7-24 所示的"提交订单"按钮，完成认购。

图 7-24 提交订单

② 网上付款。如果支付宝账户有存款，则直接从支付宝支付，如图 7-25 所示。如果支付宝账户没有存款，则需要登录所签约的网上银行付款到支付宝，然后再从支付宝进行支付。

图 7-25 从支付宝付款

③ 在网银页面付款成功后，即可完成支付宝付款了。支付宝会通知卖家发货，买家注意查收货物，收到货物后，单击"确认收货"付款给卖家，并对商品进行评价。在自己的交易管理页面可查看到交易记录，如图 7-26 所示。

图 7-26 成交记录

任务 7-6　使用 WinRAR 压缩和解压

任务要求：掌握 WinRAR 下载、安装、卸载的方法，并能够灵活运用。

步骤1：WinRAR 的下载、安装、卸载

① 登录搜索引擎网站如百度（http://www.baidu.com），在搜索对话框输入"下载 WinRAR"，在搜索结果中单击相应链接进行下载，如图7-27所示。

② 安装。双击下载文件启动安装程序，打开 WinRAR 安装对话框，如图7-28所示，单击"安装"按钮，完成 WinRAR 的安装。

图7-27 搜索 WinRAR 并完成下载

图7-28 WinRAR 的安装

③ 卸载。单击"开始"菜单，打开"控制面板"→"程序和功能"窗口，找到 WinRAR 程序，单击"删除"按钮，即可卸载该软件。

步骤2：使用 WinRAR 压缩与解压缩

① 压缩文件。右键单击一个文件或者文件夹，在弹出的菜单中选择"添加到压缩文件"命令执行，打开如图7-29所示的"压缩文件名和参数"对话框，可以修改压缩文件的文件名。若不修改，则单击"确定"按钮，即可生成一个与选中文件或者文件夹同名的压缩文件。

图7-29 "压缩文件名和参数"对话框

② 解压文件。右键选择要解压缩的文件，在弹出的菜单中选择"解压文件…""解压到当前文件夹…"或者"解压到…"命令执行，可对当前选中的压缩文件进行解压缩。

步骤 3：加密压缩，压缩后自动关机

启动"资源管理器"，选中要压缩的文件或文件夹，单击右键，选择"WinRAR"→"添加到压缩文件"命令，打开"压缩包名称和参数"对话框，单击"高级"选项卡，然后勾选"完成操作后关闭计算机电源"复选框，如图 7-30 所示。

单击图 7-29 所示对话框中的"设置密码"按钮，打开"输入密码"对话框，如图 7-31 所示，设置密码及相关参数，设置完成后单击"确定"按钮。在备份完数据后，机器会自动关闭。

图 7-30　添加到压缩文件对话框　　　　图 7-31　设置带密码压缩

步骤 4：文件分割压缩与解压

① 利用 WinRAR 把大文件或文件夹进行分割压缩，压缩成多个小的压缩包文件。选择大文件或文件夹，右击，在弹出的菜单中选择"添加到压缩文件"命令执行，在打开的"压缩文件名和参数"对话框框中设置压缩文件名，并设置"压缩为分卷（V），大小"，单击下拉列表，如图 7-32 所示。从中选择或输入分割大小。单击"确定"按钮后，WinRAR 将会按照分割大小生成分割压缩包。

图 7-32　文件分割

② 只需要把分割的压缩文件下载齐全，放在一起，然后选中其中某一个分割的压缩文件，对其进行解压就可以了。若分割的压缩文件没有下载齐全，是解压不了的，会有错误提示，意思是缺少相关压缩文件，需要从上一压缩卷启动解压命令，以便解压。

步骤 5：了解 WinRAR 相关命令

WinRAR 还有一些常用的功能，如图 7-33 所示。

211

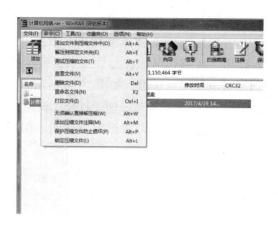

图 7-33　WinRAR 常用命令

添加文件到压缩文件中：用来将选择的压缩文件或文件夹进行压缩。

解压到指定文件夹：选择要解压的被压缩文件，指定解压文件的目标文件夹并且解压。

测试压缩的文件：WinRAR 会在生成 RAR 压缩包后自动测试该 RAR 压缩包。如果 RAR 压缩包有问题，则会提示用户。

删除文件：如果从压缩文件中删除全部的文件，空白的压缩文件将会被删除。因为分卷压缩文件修改是禁用的，此命令无法应用于分卷压缩。

重命名文件：在源文件和目标文件名中可以使用通配符进行压缩文件的重命名。

打印文件：这个命令允许在文件管理和压缩文件管理模式里打印光标下的文件。

无须确认直接解压缩：不用确认解压文件的目标路径，直接解压文件到默认路径下。

添加压缩文件注释：执行该命令可以为压缩文件添加注释内容，如果要修改注释，可以双击打开压缩后的压缩包，修改菜单栏里的注释内容。

保护压缩文件防止损坏：当在 RAR 压缩包中删除文件后，WinRAR 会自动更新它，那些被删除文件再也无法找回。因此，对于不需要修改或比较重要的压缩包，需执行该命令。

锁定压缩文件：在创建压缩文件的时候，勾选"锁定压缩文件"选项，制作锁定的压缩文件，防止注释被修改，以免压缩包文件被改。

1. 在网上申请一个自己的电子邮箱，并收发电子邮件。
2. 练习使用最新版的 QQ。
4. 练习使用搜索引擎查看天气预报。

一、选择题

1. 对于主机域名 for.zj.edu.cn，其中（　　）表示主机名。

A. zj B. for C. edu D. cn

2. C 类 IP 地址的最高 3 个比特位，从高到低依次是（　　）。
   A. 010　　　　　　B. 110　　　　　　C. 101　　　　　　D. 100
3. 电子邮件使用（　　）协议。
   A. SMTP　　　　　B. FTP　　　　　　C. UDP　　　　　　D. TELNET
4. 下列正确的电子邮件地址是（　　）。
   A. Something：njupt. edu. cn
   B. Mail：something@ njupt. edu. cn
   C. something@ njupt. edu. cn
   D. something@ sina
5. 当前使用的 IP 地址是（　　）比特。
   A. 16　　　　　　　B. 24　　　　　　　C. 32　　　　　　　D. 48
6. 下列对 Internet 叙述正确的是（　　）。
   A. Internet 就是 www
   B. Internet 就是信息高速公路
   C. Internet 是众多自治子网和终端用户机的互联
   D. Internet 就是局域网互联
7. 下列说法错误的是（　　）。
   A. 电子邮件是 Internet 提供的一项最基本的服务
   B. 电子邮件具有快速、高效、方便、价廉等特点
   C. 通过电子邮件，可向世界上任何一个角落的网上用户发送信息
   D. 可发送的多媒体只有文字和图像
8. 下列说法中正确的是（　　）。
   A. 网络中的计算机资源主要是指服务器、路由器、通信线路用户与用户计算机
   B. 网络中的计算机资源主要指计算机操作系统、数据库与应用软件
   C. 网络中的计算机资源主要是指计算机硬件、软件、数据
   D. 网络中的计算机资源主要是指 Web 服务器、数据库服务器与文件服务器
9. 下列说法中正确的是（　　）。
   A. Internet 计算机必须是个人计算机
   B. Internet 计算机是工作站
   C. Internet 计算机必须使用 TCP/IP 协议
   D. Internet 计算机在相互通信时必须运行同样的操作系统
10. 下列选项中属于 Internet 专有的特点为（　　）。
    A. 采用 TCP/IP 协议
    B. 采用 ISO/OSI 层协议
    C. 用户和应用程序不必了解硬件连接的细节
    D. 采用 IEEE 802 协议
11. 下面可以查看网卡的 MAC 地址的命令是（　　）。
    A. Ipconfig/release　　B. Ipconfig/renew　　C. Ipconfig/all　　D. Ipconfig/registerdns
12. 下面用于测试网络是否连通的命令是（　　）。
    A. telnet　　　　　B. nslookup　　　　C. ping　　　　　　D. ftp
13. 下面列出的 Internet 接入方式中，个人一般不用（　　）。

A. ISDN   B. ADSL   C. LAN   D. 光纤

14. 下面是某单位主页的 Web 地址，其中地址格式正确的是（   ）。

　　A. http：//www.scut.edu.cn   B. http:www.scut.edu.cn

　　C. http：//www.scut.edu.cn   D. http:/www.scut.edu.cn

15. 下面（   ）是 FTP 服务器的地址。

　　A. http://190.163.113.23   B. ftp://192.168.113.23

　　C. www.sina.com.cn   D. \Windows

16. 要打开 IE 窗口，可以双击桌面上的（   ）图标。

　　A. Internet Explorer   B. 网上邻居   C. Outlook Express   D. 我的电脑

17. 要想在 IE 中看到最近访问过的网站的列表，可以（   ）。

　　A. 单击"后退"按钮

　　B. 按 BackSpace 键

　　C. 按 Ctrl+F 键

　　D. 单击"标准按钮"工具栏上的"历史"按钮

18. 要在 IE 中停止下载网页，按（   ）。

　　A. Esc 键   B. Ctrl+W 键   C. BackSpace 键   D. Delete 键

19. 以下关于 Internet 的知识，不正确的是（   ）。

　　A. 起源于美国军方的网络   B. 可以进行网上购物

　　C. 可以共享资源   D. 消除了安全隐患

20. 以下选项中，（   ）不是设置电子邮件信箱所必需的。

　　A. 电子信箱的空间大小   B. 账号名

　　C. 密码   D. 接收邮件服务器

21. 以下域名的表示中，错误的是（   ）。

　　A. shizi.sheic.edu.cn   B. online.sh.cn

　　C. xyz.weibei.edu.cn   D. sh163.net.cn

22. 用 IE 访问网页时，一般（   ）才能单击鼠标访问网站里的信息。

　　A. 当鼠标变成闪烁状态时   B. 当鼠标依旧时箭头形状时

　　C. 当鼠标变成手形时   D. 当鼠标箭头旁边出现一个问号时

23. 用 IE 浏览器游览网页，在地址栏中输入网址时，通常可以省略的是（   ）。

　　A. http://   B. ftp://   C. mailto://   D. news://

24. 用 Outlook Express 接收电子邮件，收到邮件中带有回形针状标志，说明该邮件（   ）。

　　A. 有病毒   B. 有附件   C. 没有附件   D. 有黑客

25. 用于解析域名的协议是（   ）。

　　A. HTTP   B. DNS   C. FTP   D. SMTP

26. 游览 Internet 上的网页，需要知道（   ）。

　　A. 网页的设计原则   B. 网页制作的过程

　　C. 网页的地址   D. 网页的作者

27. 当登录在某网站已注册的邮箱，页面上的"发件箱"文件夹一般保存的是

( )。
A. 已经抛弃的邮件　　　　　　　　B. 已经撰写好但是还没有发送的邮件
C. 包含有不合时宜的邮件　　　　　D. 包含有不礼貌语句的邮件

28. 在网页上看到收到的邮件的主题行的开始位置有"回复"或"Re:"字样时,表示该邮件是( )。
A. 对方拒收的邮件　　　　　　　　B. 当前的邮件
C. 回复对方的答复邮件　　　　　　D. 希望对方答复的邮件

29. 想通过 E-mail 给某人发送某个小文件时,必须( )。
A. 在主题上含有小文件
B. 把这个小文件复制一下,粘贴在邮件内容里
C. 无法办法
D. 使用粘贴附件功能,通过粘贴上传附件

30. 下面( )是 FTP 服务器的地址。
A. http://192.168.16.40　　　　　　B. ftp://192.168.16.40
C. www.sina.com.cn　　　　　　　　D. c:\windows

31. FTP 的主要功能是( )。
A. 传送网上所有类型的文件　　　　B. 远程登录
C. 收发电子邮件　　　　　　　　　D. 浏览网页

32. 电子邮件的一般格式为( )。
A. 用户名@域名　　B. 域名@用户名　　C. IP 地址@域名　　D. 域名@IP 地址名

33. 某用户在域名为 mail.abc.edu.cn 的邮件服务器上申请了一个账号,账号名为 wang,那么该用户的电子邮件地址是( )。
A. mail.abc.edu.cn@wang　　　　　B. wang@mail.abc.edu.cn
C. wang%mail.abc.edu.cn　　　　　D. mail.abc.edu.cn%wang

34. 如果要保存网页中的一幅图片,应该( )。
A. 单击 IE 中"文件"菜单,选择"另存为"
B. 单击 IE 中"文件"菜单,选择"导入和导出"
C. 在图片上单击鼠标右键,选择"图片另存为"
D. 单击 IE 中的"收藏"菜单

35. 浏览器软件浏览网站时,"收藏夹"的作用是( )。
A. 记住某些网站地址,方便下次访问　　B. 复制网页中的内容
C. 打印网页中的内容　　　　　　　　　D. 隐藏网页中的内容

36. 下列属于搜索引擎的网站是( )。
A. baidu　　　　　　　　　　　　　B. Microsoft
C. 人民日报(网络版)　　　　　　　D. 中央电视台

37. 利用 baidu 搜索引擎进行搜索时,如果想查找"王菲的歌曲《香奈儿》",但又不希望得到的结果是 RM 格式(Realplayer)的,下列关键字输入正确的是( )。
A. 王菲 歌曲 香奈儿-RM
B. 王菲 歌曲 香奈儿 RM

C. 王菲 歌曲 香奈儿 不包括 RM

D. 以上选项均不正确

38. Internet 搜索引擎除了需要有全文检索系统之外，还要有（   ）。

A. 索引和检索系统

B. 能够从互联网上自动收集网页的数据搜集系统

C. 搜索引擎数据库

D. 信息资源系统

39. 下列关于搜索引擎的说法中，正确的是（   ）。

A. 搜索引擎既是用于检索的软件，又是提供查询、检索的网站

B. 搜索引擎只是一种软件，不能称为一个网站

C. 搜索引擎只是一个具有检索功能的网站，而不是一个软件

D. 搜索引擎既不是软件，也不是网站，而是提供符合用户查询要求的信息资源网址系统

40. 电子邮件（E-mail）是现代通信技术和（   ）技术综合发展的产物。

A. 计算机网络技术　　　　　　　　B. 计算机多媒体技术

C. 计算机模拟技术　　　　　　　　D. 计算机存贮技术

41. 发送电子邮件时，以下描述正确的是（   ）。

A. 可以通过数字验证来保障电子邮件的安全

B. 比较大的邮件不能发送

C. 发送后的电子邮件在本机上就消失了

D. 邮件一次只能发送给一个人

二、操作题

1. 请按照下列要求，利用免费邮箱同时给多人发邮件：

收件人邮箱地址：zhangsan@163.com
　　　　　　　　lizhao@126.com
　　　　　　　　liming@yahoo.com
　　　　　　　　wangli@163.com

主题：计算机应用基础知识，并将考生文件夹下的 Word 文件"计算机复习题.doc"以附件的形式发送出去。

2. 将本机的 IP 地址修改为：202.112.88.15，并自行设置其子网掩码。

3. 将 IE 访问受信任站点的安全级别设置为低，并将百度、长春科技学院等网站加入受信任站点。

NIT 全真考试样题

样题一

1. 请在 10 分钟内参照样张完成汉字录入。

吉林省简称"吉",省会长春市。地处东经 122-131 度、北纬 41-46 度之间,面积 18.74 万平方公里,占全国面积 2%。位于中国东北中部,处于日本、俄罗斯、朝鲜、韩国、蒙古与中国东北部组成的东北亚几何中心地带。北接黑龙江省,南接辽宁省,西邻内蒙古自治区,东与俄罗斯接壤,东南部以图们江、鸭绿江为界,与朝鲜民主主义人民共和国隔江相望。东西长 650 公里,南北宽 300 公里。东南部高,西北部低,中西部是广阔的平原。辖长春市 1 个副省级城市、吉林市、四平、通化、白山、辽源、白城、松原 7 个地级市和延边朝鲜族自治州。吉林省气候属温带季风气候,有比较明显的大陆性。夏季高温多雨,冬季寒冷干燥。吉林是我国重要的工业基地,加工制造业比较发达,汽车与石化、农产品加工为三大支柱产业,装备制造、光电子信息、医药、冶金建材、轻工纺织具有自身优势特色。

2. 按照题目要求完成对素材的操作。

(1) 将文档纸张类型设置成 B5,页边距上、下为 2 厘米,左、右为 2.5 厘米;

(2) 将文档作者设置为"雪松",标题设置为"查干冬渔",主题设置为"吉林八景";

(3) 将文档标题字体设置为"华文行楷"、二号字、加粗、阴影、居中显示;

(4) 将正文字体设置为宋体、小四号字、首行缩进两个字符;

(5) 第一自然段首字下沉,隶书,3 行;

(6) 插入艺术字"吉林八景",第 4 行第 4 列样式、花束填充效果、蓝色 1 磅圆点边框、朝鲜鼓形状、紧密环绕、旋转 5°;

(7) 将第三段分为两栏,栏宽相等,栏间距 2.5 个字符,加分割线。

【素材】

查干冬渔

查干湖在蒙语中读"查干淖尔",意为白色圣洁的湖,又称圣水湖。这里的捕鱼分为明水捕鱼和冬季捕鱼两种形式。湖冬捕是最为壮观、最为豪放的场面,也是蒙古马背民族在冰天雪地里独具韵味的一项渔猎活动,这里的渔民被称为"查干淖尔渔夫"。查干湖冬季冰雪捕鱼,是从每年的 12 月中旬开网至次年的 1 月中旬收网,鲜鱼总产量可达 100 多万千克。数九寒天,冰雪天地,大烟炮漫天席卷,近千人冰上作业,几十辆机动车昼夜运输,每天数万斤鲜鱼脱冰而出,最多的一网拉出了 21 万千克的肥硕大鱼,创造了吉尼斯世界纪录,其规模之大,堪称全国之最;产量之多,堪称世界奇观。这里冬捕鱼活动还具有古老而神秘的色彩,因而查干冬渔活动造就了灿烂的关东渔猎文化最具色彩的篇章。

查干湖的自然资源丰富，除了盛产鲤鱼、鲢鱼、鳙鱼、鲫鱼等15科68种虾类，以及芦苇、珍珠水产资源外，这里自古至今是野生动物的天堂，鸟类的乐园。据初步调查，草原上、树林间、田野中，有狐、兔、貉、獾等野生动物20多种；在水肥草美的绿野平畴上，栖息着野鸡、野鸭、大雁、灰鸥、鹭鸟、天鹅、丹顶鹤等珍贵鸟类80多种；同时，也是个天然植物园，有野生植物200多种，其中药用植物149种。鳙鱼产于江湖，似鲢而黑，头甚大。属鲤形目、鲤科、鲢亚科、鳙属。俗称：花鲢、胖头鱼、黑鲢、黄鲢、松鱼、鳙鱼、大头鱼。生活在淡水中，长1米余。

鳙鱼体侧扁，头极肥大。口大，端位，下颌稍向上倾斜。鳃耙细密呈页状，但不联合。胸鳍长，末端远超过腹鳍基部。体侧上半部灰黑色，腹部灰白，两侧杂有许多浅黄色及黑色的不规则小斑点。鳙喜欢生活于静水的中上层，动作较迟缓，不喜跳跃。以浮游动物为主食，亦食一些藻类、水草、草籽。分布于亚洲东部，我国各大水系均有此鱼。鳙鱼属高蛋白、低脂肪、低胆固醇鱼类，对心血管系统有保护作用。鳙的精华在于头，富含磷脂及改善记忆力的脑垂体后叶素，特别是脑髓含量很高，常食能暖胃、祛头眩、益智商、助记忆、延缓衰老，还可润泽皮肤。适用于烧、炖、清蒸、油浸等烹调方法，尤以清蒸，油浸最能体现出胖头鱼清淡、鲜香的特点。鳙鱼头大且头含脂肪、胶质较多，故胖头鱼还可烹制"砂锅鱼头"。

3. 按照题目要求完成对表格的操作。

题目要求：

（1）整个表格设置双线、1.5磅、外部框线，单线、1磅、内部框线；

（2）第一行至第四行行高1.5厘米，第五行至最后一行行高3厘米；

（3）表格内字体设置为楷体、四号、水平居中、垂直居中，照片单元格内的文字纵向；

（4）将"姓名""性别""出生日期"等指示性单元格的底纹设置为浅黄色；

（5）将"照片"单元格底纹设置为浅绿色；

（6）为表格添加标题"求职简历"，华文行楷字体、一号、加粗、居中；

（7）将文档保存。

【素材】

姓名	王一	性别	男	出生日期	1987.2	照片
籍贯	山东	民族	汉	政治面貌	党员	
通信地址				邮政编码	10086	
学历				电话		
工作经历						
应征职位						
期望待遇						

4. 在 Word 中利用公式编辑器完成下列素材中的公式。

【素材】

$$C_0 = 1000 \frac{t_{PD}}{Z_0} (pF/ft)$$

$$t_{PD} = 1.017 \sqrt{0.457 \varepsilon_r + 0.67} (ns/ft)$$

$$Z_0 = \frac{87}{\sqrt{\varepsilon_r + 1.41}} ln \frac{5.98h}{0.8w + t} (\Omega)$$

样题二

1. 请在 10 分钟内参照样张完成汉字录入。

桃花水母（学名：Craspedacusta）是一属淡水生活的小型水母，已记录 11 种。生活在清洁的江河、湖泊之中。生命周期由无性繁殖和有性繁殖阶段组成。栖于淡水，故英文名淡水水母（Freshwater jellyfish）。直径约 2 厘米，钟形身体的边缘有数百根短触手。螅形体高约 2 毫米，无触手，借出芽方式产生水母体。为世界级濒危物种，是中国一级保护动物，有"水中大熊猫"之称。除索氏桃花水母和日本的伊势桃花水母两种外，其余 9 种均中国产。桃花水母是名副其实的"活化石"，具有极高的研究价值和观赏价值，作为生物进化过程形成的一个物种，其地位丝毫不逊于大熊猫。桃花水母以自己独特的生命形成记录着地球生命的发展历程。其特有的基因对现代基因工程的研究具有重要价值，同时也为研究和了解物种的遗传、进化提供了条件。

2. 按照题目要求完成对素材的操作。

（1）将文档标题字体设置为楷体、28 号字、加粗、褐色、居中显示、缩放比例 150%，礼花绽放文字效果；

（2）使用替换功能将文档中的∷全部删除；

（3）将最后一句话独立成一段；

（4）设置页眉为"高句丽遗址"，幼圆、小四号、左对齐，页脚为页码，样式为小写罗马数字格式；

（5）在文章中插入"高丽风情.jpg"，高 4 厘米、宽 5.5 厘米，紧密环绕，居中，对比度 53%，旋转 -5°；

（6）文章结尾处添加艺术字"好客吉林欢迎您"，样式第 5 行第 2 列、二号字、华文行楷、金色，艺术字边线玫瑰红色、方点、2 磅边框，水滴填充效果，三维样式 2。

【素材】

集安∷高句丽∷古迹位于集安市。在集安市周围的平原上，分布了一万多座高句丽时代的古墓，这就是闻名海内外的"洞沟古墓群"。其中太王陵、将军坟和千秋墓等规模宏大。将军坟有"东方金字塔"之誉，墓基每边长 31.58 米、高 12.4 米，墓体呈方锥形，共有 7 级阶梯，全部采用精琢的巨型花岗岩石条砌筑而成，墓室顶部用整块巨石覆盖。墓体建筑雄伟，造型明快庄严。将军坟是高句丽时代石造建筑艺术的杰作。古墓群中许多墓室里至今仍完好地保存着色彩鲜艳、线条流畅、内容丰富及具有传奇神话色彩的墓室壁画。

高句丽古墓壁画有着丰富的内容，其中的四神崇拜、伏羲与女娲图、神农图、道家羽衣仙人图等均体现了中原对高句丽文化的全面影响。同时高句丽的射猎、战争壁画也体现了其作为一个边疆民族所具有的尚武好战特点，应该指出的是，这些图画在构图等方面与中原魏晋以来的古墓壁画并无重大区别。高句丽壁画是反映高句丽在文化上属于中华文明体系的铁证。炎帝曾三次出现在吉林省集安市的高句丽五号墓四号和五号壁画上，证明了高句丽也是炎黄后代。伏羲、女娲、神农氏、飞天、乘龙仙人、驾鹤、仙人、伎乐人、造车的奚仲、神力士和日月星辰也出现在壁画上。这一现象正好说明高句丽文化与炎黄文化一脉相承。

在集安市东北5公里的高山脚下，矗立着一座好太王碑，无论碑体造型、碑刻技法，还是碑文风格，堪称中华民族碑刻艺术的瑰宝。好太王碑是高句丽第20代寿王为纪念19代好太王而建树的，碑高6.39米，由一整块巨形角砾凝灰岩雕凿而成，为不规则的方形柱状体。碑文四面环刻，计44行1775字。高句丽古迹还有古城遗址丸都山城、国内城等许多可供游人览胜之去处。

3. 按照题目要求绘制图形。

按照下述步骤绘制一面五星红旗：

(1) 在文档中插入波形旗帜，高度、宽度均为10厘米，填充红色；

(2) 在红色波形旗帜左上角插入一个五角星，高度、宽度均为2厘米，填充黄色；

(3) 在黄色五角星旁插入一个五角星，高度、宽度均为1厘米，填充黄色；

(4) 将题（3）中的五角星复制、粘贴3次，并调整位置；

(5) 将4颗小五角星的一角指向大五角星中心；

(6) 插入15厘米、5磅宽、黑色单线作为国旗旗杆；

(7) 将红旗、五角星、旗杆组合；

(8) 锁定纵横比，缩放为原来的50%。

4. 按照题目要求进行邮件合并。

(1) 按照素材中的表格创建文档"信息表.doc"；

(2) 按照素材中的奖状创建文档"奖状.doc"；

(3) 对"信息表.doc"和"奖状.doc"完成合并邮件，在奖状中适当位置插入合适域；

(4) 按照基本规则对奖状进行一些格式化，如字体、段落、对齐方式等。

【素材】

信息表

姓　　名	作　　品	奖　　项
南派三叔	盗墓笔记	一等奖
天下霸唱	鬼吹灯	二等奖
大力金刚掌	茅山后裔	三等奖

奖状

奖 状

<姓名>：

您撰写的网络小说《<作品>》在2011年"给力杯"全国网络经典小说评选中表现优异，荣获网民最爱！

<奖项>

给力杯全国网络经典小说评选委员会

2012年11月25日

样题三

1. 对比样张，在 Sheet1 工作表中进行如下操作：

（1）利用函数分别计算出两个年度的预算合计。

（2）为 C11 单元格增加批注："2004年新增项目"。

（3）采用"簇状柱形图"分析两年度各项目资金分配情况，有图表标题（参考样张）。

（4）采用"分离型饼图"制作 2004 年度资金分配比例图表，有标题并显示百分比（参考样张）。

2. 对比样张，在 Sheet1 工作表中进行如下操作：

（1）按样张完成序列填充。

（2）为 Sheet1 添加背景文件"背景.GIF"，设置工作表标签颜色为红色。

（3）设置第1、2行冻结窗口。

（4）在 C14 单元格中输入"张三"，在 C15 单元格中输入"01234567"，在 C16 单元格中输入日期型数据"2004年5月1日"。

（5）纸长设置为 A4 横向，水平居中。

(6) 装饰文件保存到"第五套"文件夹下，文件名为"十大流行语.xls"。

3. 对比样张，在 Sheet1 工作表中进行如下操作：

(1) 各行的行高保持不变。

(2) 表格标题为深蓝色字体，隶书，22 号，加粗，将 B3:E3 单元格区域合并居中。

(3) 其他文字为 14 号宋体。

(4) 为工作表增加背景，背景文件为"背景.JPG"。

(5) 参照样张的格式修饰表格。

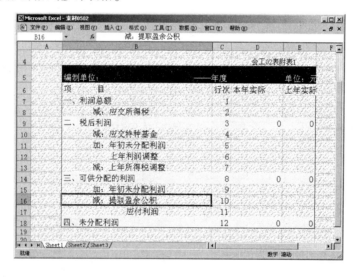

样题四

1. 对比样张，在工作表中进行如下操作：

(1) 将所有含公式的单元格设置为"锁定+隐藏"，其余单元格锁定并保护工作表。

(2) 参照样张，根据第一列和最后一列的数据创建图表（不含"其他"与"总计"行，图表标题为"企业法人单位行业分布变化分析"），将图表作为新工作表插入，名称为"行业分布变化图表"。（要求：图表标题文字为 12 号隶书，图表区填充效果为单色填充)。

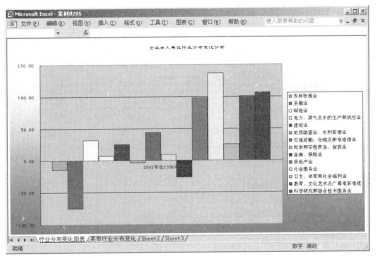

2. 对比样张，在 Sheet1 工作表中进行如下操作：

（1）利用格地址公式计算各商品的销售额（销售价*销售数量）。

（2）利用格地址公式计算商品的成本（进价*(销售数+损耗数)）。

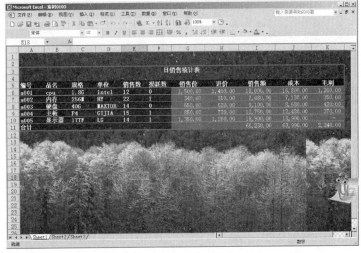

（3）利用格地址公式计算毛利（销售额-成本）。

（4）利用函数计算销售额、成本、毛利的合计值。

3. 对比样张，在 Sheet1 工作表中进行如下操作：

（1）标题：黑体，18 号，绿色，且在表格数据上方合并居中。

（2）设置表格第 1 行的行高为 40，第 2~11 行的行高为 25。

（3）参照样张对 A2:A3、B2:B3、C2:C3、D2:D3、E2:F2 单元格区域分别设置合并及居中。

（4）表中除"指标名称"列以外，所有含有数据的单元格中各数据均采用垂直居中和水平居中的对齐方式。

（5）各列均设置为最合适列宽。

（6）为表格添加深绿色粗外框线（线条样式右列第 6 个）和细内框线（线条样式中左列第 7 个），表头部分填充浅绿色底纹（调色板第 5 行第 4 列）。

(7) 取消网格线显示。
(8) 保存文件。

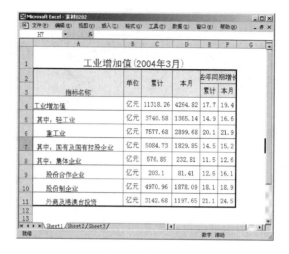

参 考 文 献

[1] 教育部考试中心. 全国计算机等级考试三级教程（网络技术）[M]. 北京：高等教育出版社，2008.

[2] 杨振山，龚沛曾. 大学计算机基础（第四版）[M]. 北京：高等教育出版社，2004.

[3] 冯博琴，大学计算机基础 [M]. 北京：高等教育出版社，2004.

[4] 李秀，等. 计算机文化基础（第5版）[M]. 北京：清华大学出版社，2005.

[5] June jamrich Parsons, Dan Oja. 计算机文化 [M]. 北京：机械工业出版社，2001.

[6] 吴权威，等. 多媒体设计技术基础 [M]. 北京：中国铁道出版社，2004.

[7] 黄達中，黄泽钧，胡璟. 计算机应用基础教程 [M] 北京：中国电力出版社，2002.

[8] 周立柱，冯建华，孟小峰，等. SQL Server 数据库原理 [M]. 北京：清华大学出版社，2004.

[9] 刘瑞新，等. 计算机组装与维护 [M]. 北京：机械工业出版社，2005.

[10] 张翼，刘宏泰，潘毅. 计算机网络技术实训教程 [M]. 北京：北京师范大学出版社，2008.

[11] 闵东. 计算机选配与维修技术 [M]. 北京：清华大学出版社，2004.

[12] 丁照宇，等. 计算机文化基础 [M]. 北京：电子工业出版社，2002.

[13] 刘秋菊，冯润根. 计算机网络基础与应用 [M]. 北京：北京师范大学出版社，2008.

[14] T Imothy J O' Leary. Computing Essentials（影印版）[M]. 北京：高等教育出版社，2000.

[15] 刘晨，张滨. 黑客与网络安全 [M]. 北京：航空工业出版社，1999.

[16] 胡昌振，等. 面向21世纪网络安全与防护 [M]. 北京：北京希望电子出版社，1999.

[17] 谢希仁. 计算机网络（第四版）[M]. 大连：大连理工大学出版社，2004.

[18] 张尧学，等. 计算机操作系统教程 [M]. 北京：清华大学出版社，2002.

[19] 肖金秀，等. 多媒体技术及应用 [M]. 北京：冶金工业出版社，2004.

[20] 王移芝，罗四维. 大学计算机基础教程 [M]. 北京：高等教育出版社，2004.

[21] 宋贤钧，孙家瑞. 网络组建与维护案例教程 [M]. 北京：化学工业出版社，2008.

[22] 曾强. 网络管理与维护技术 [M]. 北京：化学工业出版社，2005.

[23] 陈平平，陈懿. 网络设备与组网技术 [M]. 北京：冶金工业出版社，2006.

[24] 陶树平，等. 计算机科学技术导论 [M]. 北京：高等教育出版社，2002.

[25] 马晓凯，周霞. 计算机网络技术及应用 [M]. 北京：冶金工业出版社，2004.

[26] 刘敏涵，王存祥. 计算机网络技术 [M]. 西安：西安电子科技大学出版社，2003.

[27] 张继山，房丙午. 计算机网络技术 [M]. 北京：中国铁道出版社，2006.

[28] 刘甘娜, 等. 多媒体应用基础 [M]. 北京: 高等教育出版社, 2002.

[29] 相万让. 网页设计与制作 [M]. 北京: 人民邮电出版社, 2004.

[30] 龚沛曾, 陆慰民, 杨志强. Visual Basic 程序设计简明教程 [M]. 北京: 高等教育版社, 2003.

[31] 赵建明. 大学计算机应用基础 [M]. 北京: 科学技术出版社, 2006.

[32] 卢湘鸿, 等. 计算机基础教程习题解答与实验指导 [M]. 北京: 清华大学出版社, 2002.

[33] 褚建立. 计算机网络技术实用教程 [M]. 北京: 清华大学出版社, 2009.

[34] 管会生, 等. 大学计算机基础 [M]. 北京: 中国科技出版社, 2005.

[35] 陈华, 孟宗洁. 网络基础 [M]. 北京: 化学工业出版社, 2005.

[36] 卢湘鸿, 等. 计算机应用教程 [M]. 北京: 清华大学出版社, 2002.